愛上森林系！
職人必備的
拼布包&波奇包

斉藤謠子 & *Quilt Party*

將各式各樣的布拼接縫合，經由不同作品創造出色彩，靈感取自日常生活中映入眼簾的種種事物，像是美麗的磁磚圖案或是某人身上的衣服顏色，就是拼布的最初模樣。

我最愛的藍灰色，近似北國破曉時分帶著透明感的天空。可能是因為這樣，每次去北歐，都會被當地的色彩與簡潔的設計所吸引，也或許是待在家裡的時間比較長，能夠接觸很多手作品，對我來說充滿魅力。每個國家的手工藝，都與當地人的生活和大自然息息相關。希望我們以身邊的題材與喜愛的顏色作出來的作品，也能讓大家感受某種類似的背景與調色的樂趣，並將拼布的魅力傳遞給更多人。

齊藤謠子& Quilt Party

Message

Contents

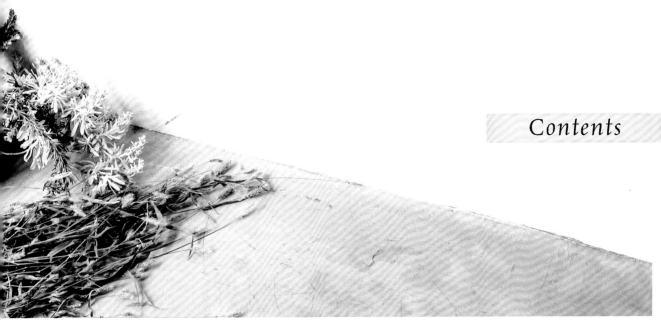

零錢包

由長方形布片拼接縫合的巴掌大零錢包。
圓弧形袋口特別可愛！
各10×12cm
making /河野久美子　*how to make*　p.50

花朵貼布縫
迷你包

將庭院內窺見的一抹春意以貼布縫來表現。
也可垂掛在大包包的提把作為吊飾。

8×7.5×1.5cm

連接三角布片浮現出鋸齒圖案。
從冬天到春天，
亮綠色迎來了新季節。

14.5×15×6cm

眼鏡盒
&
摺疊零錢包

每天都會用到的貼身小物，
就以融入日常生活的柔雅色彩來製作吧！
愛用的小道具、喜歡的花草，
應該能夠發現許多中意的顏色提示。

眼鏡盒 /6×16×3.5cm　摺疊零錢包 /9.4×9cm
making /山田数子（眼鏡盒）　how to make　p.56
making /船本里美（摺疊零錢包）　how to make　p.55

方包 植物貼布縫

綠油油的植物以貼布縫重現於方形帆布上。
從橄欖綠提把向下延伸的枝蔓，
彷彿倒掛的花束。
28.5×21.8×6cm
making／斉藤謠子　how to make　p.58

植物是我喜愛的創作主題之一。比起華麗的大朵花卉，主要的題材絕大多數是常被當成配角的藤蔓、葉片與果實等。將眼中的美麗事物轉換成作品的過程中，自然而然就演變至此，深覺造型華美的花朵與我喜歡的色調不搭。我在設計時，重視的不是仿真，而是憑自己的感動來描繪。可以是實際上並不存在的花形，色彩也不拘泥於實物，葉片與葉片重疊產生的陰影與伸展的姿態……只想將心中感受到的想法如實呈現。

創作筆記 1

Creation

圓圈圖案
褶襉包

中間的褶襉使兩端微微翹起，
流露時尚感。
規則重複的圓圈模樣是原創圖案。

23×35.6×7cm
making／斉藤謠子　how to make　p.60

14

有「傳統圖案」之稱的拼布圖樣達數千種，訴說
著拼布的快樂與趣味。這些代代相傳，以大自然
與身旁事物為題的圖案，有著不管重複使用幾遍
都不會膩的深厚魅力。我也喜歡試著拆解重視既
有的圖案，構思新的圖樣，P.14的作品便是其
一。接縫後就成為串連圓圈的設計，原點是四角
圖案。在拼接一個圖案時，布片會彼此交織出新
的表情，原本不起眼的一小片布，意外成為亮
點。拼布就是這麼有趣。

格子 & 三角形的
縱長托特包

在傳統的格子圖案鑲入三角形布片，
發揮玩心的設計。
好用的尺寸，A4大的文件也能完全裝入。

33×28cm
making/河野久美子　*how to make*　p.62

野玫瑰貼布縫
短肩包

引領期盼玫瑰花開的季節到來——以針線傳達這份心情。
左右兩側看似小花的布，
增添幾絲甜美。

25.5×25.5×12.5cm
making/中嶋惠子　*how to make*　p.63

小鳥花園
肩背包

以舒爽的刺繡與貼布縫描繪鳥兒們造訪的雜木庭園
周圍加上壓線使圖案更醒目。

19×26×6cm
making / 石田照美　*how to make*　**p.64**

四季托特包

彷彿星星的小花一齊綻放。
花紋有動態感，可為規律的圖案注入變化，
花蕊則以刺繡低調表現。
28×32×8cm
making /船本里美　*how to make*　p.66

春季圖案

夏
季
圖
案

色調輕快的四角布片，
拼接出如同風車的圖案。
圖案的中心是深色、外圍是淺色，
看似隨風轉動。
28×32×8cm
making /船本里美　*how to make* p.66

溫暖的法蘭絨底布裝飾圓形與十字形的貼布縫。
開始變色的林木葉片與果實，
就像從圓窗望見的深秋景緻。
28×32×8cm
making /船本里美　*how to make*　p.66

秋季圖案

冬季圖案

浮現於深色布上的圖案有如夜空閃爍的彩燈。
留意布的濃淡深淺，
營造光一閃一閃的自然變化。

28×32×8cm
making /船本里美　how to make　p.66

關
於
拼
布

Piecework

拼布的最小單位是布片（piece），一切就從這裡開
始。在裁剪布片之前，先配合想要打造的印象選
布。首先是決定作為基底與大面積的布，再試著放
上其他布看看搭配與否。零碼布拼接（Scrap
Quilt）是挑選各種圖案與顏色的布，讓整體融合的
訣竅，在於色調一致。接著是裁剪布片，不管取哪
個部位，同一塊布都是從邊端開始裁起，大圖案與
富變化的布，一邊檢視圖案一邊裁剪，裁成布片
後，小圖案會給人較深的印象。相反的，大圖案就
顯得內斂，這是很重要的作業。圖案若都一樣，容
易流於單調，所以有時會刻意不讓圖案整齊呈現。
斟酌顏色與圖案，藉由對待每個布片的時間累積，
打造作品的細膩變化。

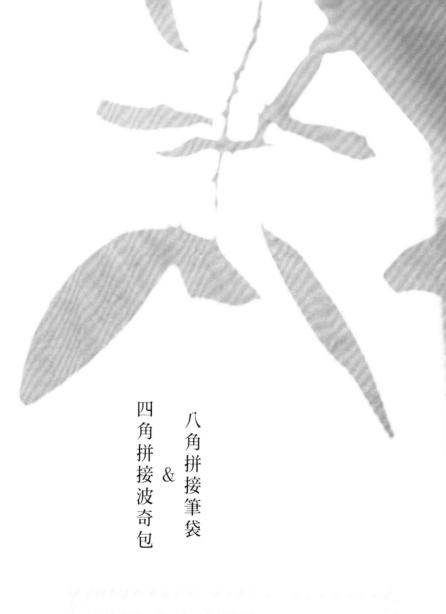

八角拼接筆袋
&
四角拼接波奇包

順手好用的四角形與圓角形波奇包。
使用較小的布片，零碼布正好能夠派上用場。
規則的讓圖案浮出並混合各種顏色，盡情揮灑。

八角拼接筆袋 /11.5×22cm
四角拼接波奇包 /10.8×17.4×2cm

making /山田數子（八角拼接筆袋）　*how to make*　p.70
making /船本里美（四角拼接波奇包）　*how to make*　p.72

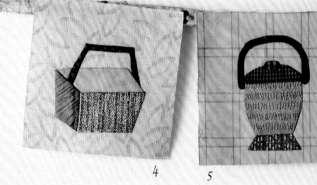

提籃圖案
樣本拼布

6

看到網狀格紋布或條紋布，就會想要動手製作提籃圖案。
只有一個提籃也很可愛，可用來裝飾牆面。
多作幾款當成樣本拼布也很棒。

各15×15cm
making /細川憲子
　　　貼布縫原寸圖案B面。

花束
提籃包

以網狀格紋布模擬編織籃的單柄包。
優雅的貼布縫花束，
是外出摘花時摘到的嗎？

24.5×13×13cm
making /中嶋惠子　how to make　p.74

球根
貼布縫肩背包

養花蒔草察覺的球根特別可愛，
以刺繡與貼布縫裝飾開著小花的鈴蘭與
紫花風信子的球根。
31.5×31cm
making /中嶋惠子 *how to make* p.76

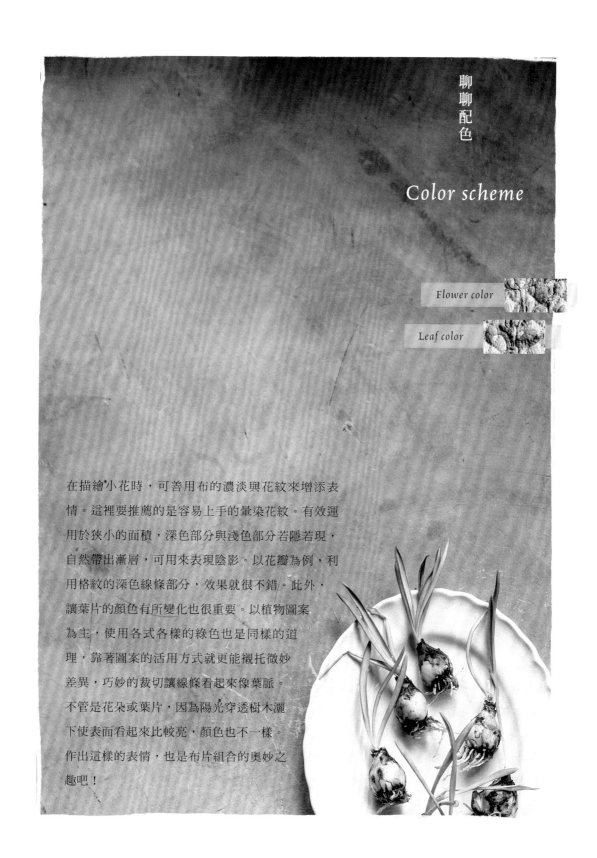

聊聊配色

Color scheme

Flower color

Leaf color

在描繪小花時，可善用布的濃淡與花紋來增添表
情。這裡要推薦的是容易上手的暈染花紋。有效運
用於狹小的面積，深色部分與淺色部分若隱若現，
自然帶出漸層，可用來表現陰影。以花瓣為例，利
用格紋的深色線條部分，效果就很不錯。此外，
讓葉片的顏色有所變化也很重要。以植物圖案
為主，使用各式各樣的綠色也是同樣的道
理，靠著圖案的活用方式就更能襯托微妙
差異，巧妙的裁切讓線條看起來像葉脈。
不管是花朵或葉片，因為陽光穿透樹木灑
下使表面看起來比較亮，顏色也不一樣。
作出這樣的表情，也是布片組合的奧妙之
趣吧！

四季
卡片存摺包

1

希望配合季節更替，使用不同花草圖案的卡片存摺包。
春天是柳葉馬鞭草，夏天是向日葵，秋天是虞美人，冬天是八角金盤。
裝飾蜜蜂和瓢蟲，豐富布上的小小世界。

各16×11.5cm

making / 石田照美　*how to make*　p.78

松樹波奇包

38

佇立於厚雪覆蓋森林的小樹叢。
淺色土台布彷彿閃耀白色光輝的鑽石塵，
讓人聯想起北國的清澄空氣。
18.5×19×3cm
*making /*石田照美　*how to make　p.82*

三角拼接包

拼接三角形布片，展現針葉林般的景緻。
穿插白色布片，營造潔淨的印象。

25×39×5cm
making /河野久美子　how to make p.84

如地標般矗立於白雪皚皚森林深處的樹木。與白雪
呈對比的漂亮綠色，散發出不輸給嚴寒的力量之
美。像這樣結合林木的綠與白，就是組合可同時感
受寒冷與溫暖的花色。以此作品為例，當布片的形
狀大小一致時，避免使用圖案密度相同的布是重
點。搭配白色基底布的綠色系與灰色布，因為包含
白色花紋，容易相互融合，色彩協調。穿插少量反
差的深藍色，當成夜晚時分的林木，使整體色調變
得更有深度。如同森林中有各式各樣的顏色，使用
多種色彩與圖案來豐富拼布的色彩。

聊聊配色

Color scheme

Bottle green

Olive

White

Navy

秋冬季使用的包包，
擷取森林的樹叢與殘株等自然的棕色。
鮮明的藝術方塊（Art Square）圖案，
帶來適度的溫暖與沉靜。

25×27×6cm
making／折見織江　*how to make*　*p.86*

四角圖案
手提包

以經典的六角形圖案製作的大包包。
棕色為底組合布片，
看起來就像堆疊的木柴，另有一番新鮮感。
穿插寒色系更顯緊緻。

28×26×12cm
making /折見織江　how to make　p.88

六角拼接
園藝包

冬日色彩
托特包

由多個圖案組成的設計，
展現拼貼畫般的趣味。
寒色與棕色組合出洗練的冬日色彩。

24×35×8cm
making /折見織江　how to make p.90

45

房屋圓桶包

側面圍上一圈房屋圖案。
宛如北歐海邊小鎮，色彩繽紛的屋頂反差色是亮點。
用心在內側加上兼具隔層效果的口袋。

22.2×直徑15.6cm

making /船本里美　*how to make*　p.92

貓咪迷你包

單色調的小包包。
作法簡單，就是將喜歡的零碼布如拼貼畫般縫在網紗上，
中間再繡上微笑的貓咪兄弟。

19×18×4cm
making/石田照美 *how to make* p.94

作
法

how to make

・圖中的尺寸皆以cm為單位。
・布的尺寸以寬×長表示。
・作品的完成尺寸依實際狀況而有所差異。
・裁布圖與紙型的尺寸，除了特別指定處之外，
　皆不含縫份。
・書末附上拼布基礎知識與繡法供參閱。

* 材料（1件的用量）
・各式拼接用布片
・後片用布15×20cm
・胚布、鋪棉各25×20cm
・長15cm拉鍊1條

* 作法重點
・〔共通〕前片先拼接成13cm×18cm的尺
　　　　寸，再描繪11cm×15cm的完成
　　　　線。

* 完成尺寸　10×12cm

〔 兩件共用 〕

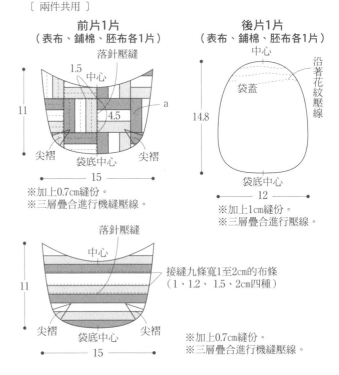

前片1片
（表布、鋪棉、胚布各1片）
落針壓縫
1.5
中心
11
4.5
a
尖褶
尖褶
袋底中心
15
※加上0.7cm縫份。
※三層疊合進行機縫壓線。

後片1片
（表布、鋪棉、胚布各1片）
中心
沿著花紋壓線
袋蓋
14.8
袋底中心
12
※加上1cm縫份。
※三層疊合進行壓線。

落針壓縫
中心
11
接縫九條寬1至2cm的布條
（1、1.2、1.5、2cm四種）
尖褶
尖褶
袋底中心
15
※加上0.7cm縫份。
※三層疊合進行機縫壓線。

1. 將拉鍊接縫於前片

〔 作法共用 〕

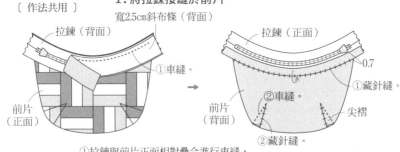

拉鍊（背面）
寬2.5cm斜布條（背面）
前片（正面）
拉鍊（正面）
①車縫。
0.7
①藏針縫。
②車縫。
前片（背面）
尖褶
②藏針縫。

①拉鍊與前片正面相對疊合進行車縫，
　縫份以2.5cm寬斜布條包覆處理。
②車縫尖褶。

2. 車縫前片與後片

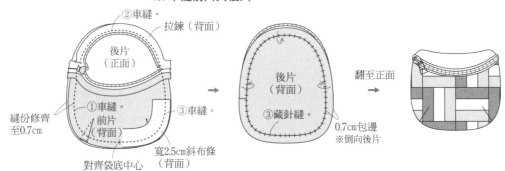

②車縫。
拉鍊（背面）
後片（正面）
縫份修齊至0.7cm
①車縫。
前片（背面）
③車縫。
對齊袋底中心
寬2.5cm斜布條（背面）
後片（背面）
③藏針縫。
0.7cm包邊
※倒向後片
翻至正面

①前片與後片正面相對，對齊袋底中心後進行車縫。
②拉鍊正面相對接縫於後片。
③縫份以2.5cm寬斜布條包覆處理。

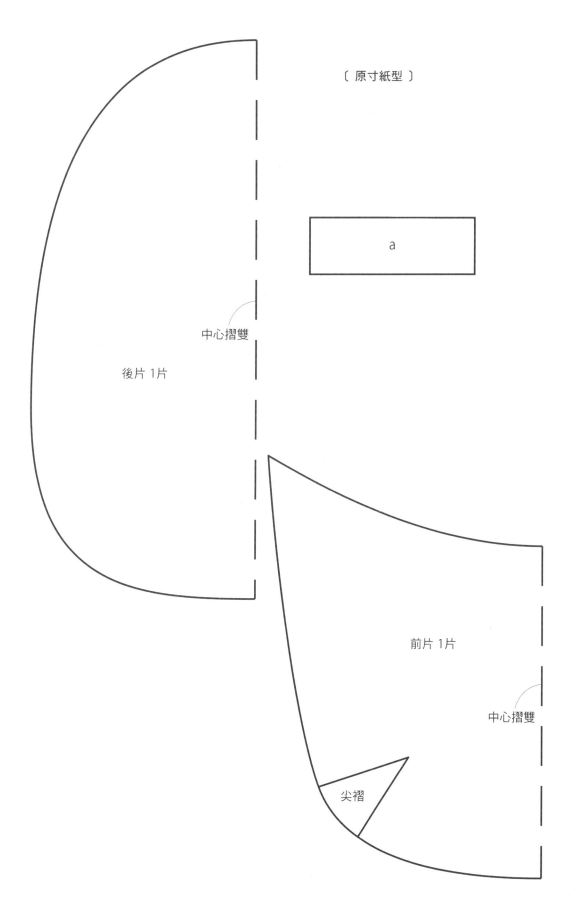

〔 原寸紙型 〕

a

中心摺雙

後片 1片

前片 1片

中心摺雙

尖褶

花朵貼布縫迷你包

* 材料（1件的用量）
· 各式貼布縫用布片
· 後片用布10×20cm
· 前片用布（包含袋底側身部分）
  15×20cm
· 胚布、鋪棉各25×20cm
· 直徑1cm手縫型磁釦1組
· 吊耳用0.5cm×5cm布條
· 長17.5cm附問號鉤提把1條
· 25號繡線適量

* 作法重點
· 沿著貼布縫與刺繡進行落針壓縫。

* 完成尺寸　8×7.5×1.5cm

〔兩件共用〕　**後片1片**
（表布、鋪棉、胚布各1片）

袋底側身1片
（表布、鋪棉、
胚布各1片）

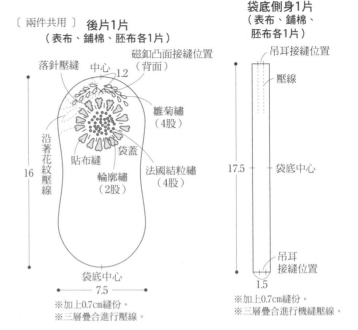

※加上0.7cm縫份。
※三層疊合進行壓線。

※加上0.7cm縫份。
※三層疊合進行機縫壓線。

前片 1片
（表布、鋪棉、胚布各1片）

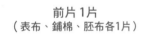
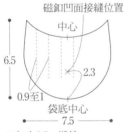

※加上0.7cm縫份。
※三層疊合進行機縫壓線。

〔作法共用〕　**1. 製作前片、後片與袋底側身**

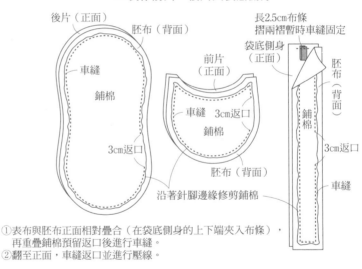

①表布與胚布正面相對疊合（在袋底側身的上下端夾入布條），
　再重疊鋪棉預留返口後進行車縫。
②翻至正面，車縫返口並進行壓線。

2. 縫合前片、後片與袋底側身

①後片與前片跟袋底側身背面相對，
　進行捲針縫。
②縫上磁釦。
③將提把勾住吊耳。

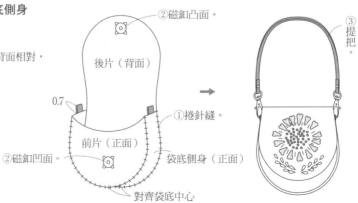

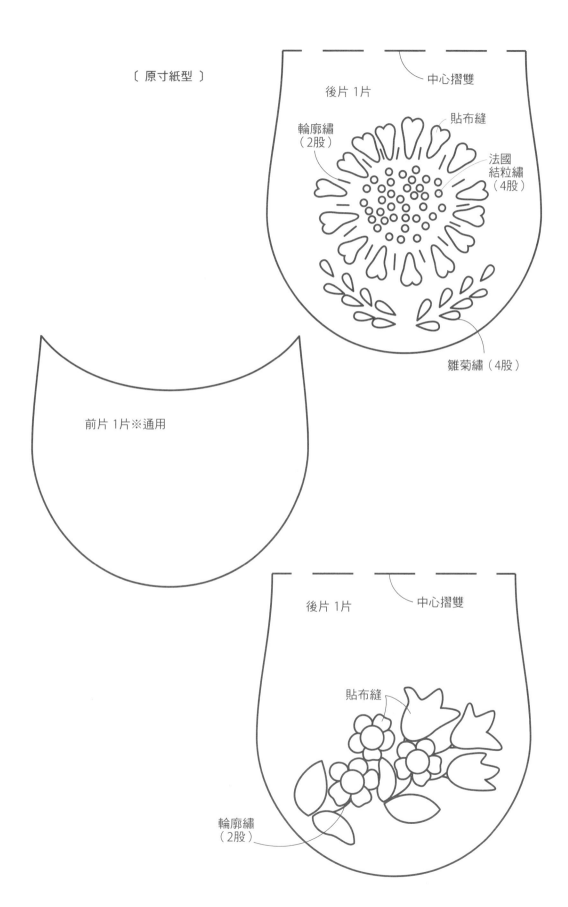

〔原寸紙型〕

後片 1片

中心摺雙

輪廓繡
（2股）

貼布縫

法國
結粒繡
（4股）

雛菊繡（4股）

前片 1片※通用

後片 1片

中心摺雙

貼布縫

輪廓繡
（2股）

* 材料
・各式拼接用布片
・胚布（包含斜布條部分）45×40cm
・鋪棉40×25cm
・長20cm拉鍊1條
・長28cm附問號鉤提把1條
・寬0.3cm皮繩5cm

* 作法重點
・提把可兩用，一款是如P.9的圖片將兩個鉤子
　勾住單邊吊耳，套入手腕。另一款是勾住兩
　邊的吊耳當成單柄包。

* 完成尺寸　14.5×15×6cm

本體1片
（表布、鋪棉、胚布各1片）

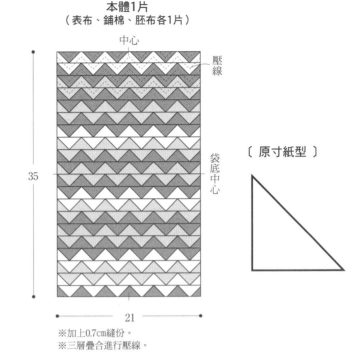

〔 原寸紙型 〕

※加上0.7cm縫份。
※三層疊合進行壓線。

1.將拉鍊接縫於本體

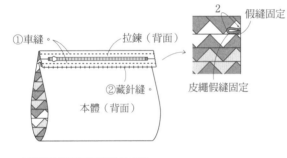

本體與拉鍊正面相對進行車縫，
再以藏針縫將拉鍊端固定於本體。

2.車縫脇邊

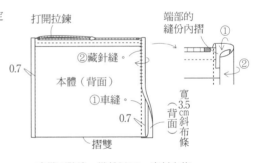

車縫兩脇邊，縫份以3.5cm寬斜布條
包覆處理。

3.車縫底角側身

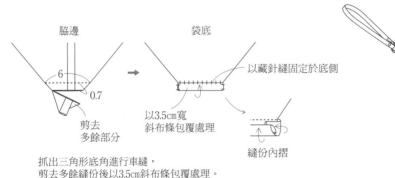

抓出三角形底角進行車縫，
剪去多餘縫份後以3.5cm斜布條包覆處理。

4.裝上提把

本體翻至正面再裝上提把

p.10 摺疊零錢包

* 材料
・各式拼接用布片
・側面用布（包含本體部分）35×10cm
・接著襯10×10cm
・胚布25×20cm
・鋪棉各20×10cm
・直徑1.3cm塑膠四合釦1組

* 作法重點
・沿著裝飾車縫的斜線摺疊側面。

* 完成尺寸　7×9cm

本體1片
（表布、鋪棉、胚布各1片）

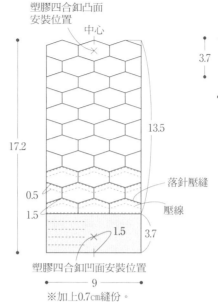

塑膠四合釦凸面
安裝位置
中心

13.5
17.2
0.5
1.5
落針壓縫
壓線
1.5
3.7

塑膠四合釦凹面安裝位置
9
※加上0.7cm縫份。

側面2片
（表布、接著襯胚布各2片）

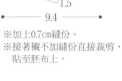

裝飾車縫
3.7　3.7
3.7
1.5
9.4

※加上0.7cm縫份。
※接著襯不加縫份直接裁剪，
　貼至胚布上。

1.製作本體與側面

本體（正面）
胚布（背面）
車縫
鋪棉
6cm返口
沿著針腳邊緣
修剪鋪棉

側面（正面）
接著襯
胚布（背面）
車縫
3.5cm返口

①本體與側面皆與胚布正面相對疊合，本體重疊鋪棉，
　預留返口後各自進行車縫。
②翻至正面，縫合返口，接著在本體壓線，
　側面進行裝飾車縫。

2.縫合本體與底面

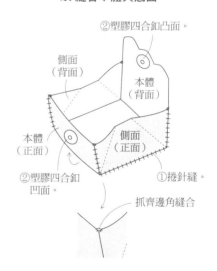

②塑膠四合釦凸面。
側面（背面）
本體（背面）
本體（正面）
側面（正面）
②塑膠四合釦凹面。
①捲針縫。
抓齊邊角縫合

①以捲針縫縫合本體與側面。
②以尖錐鑽洞安裝塑膠四合釦。

〔原寸紙型〕

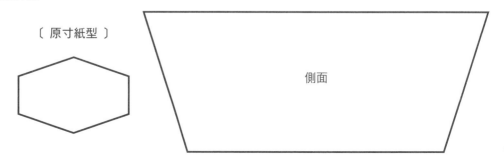

側面

眼鏡盒

* 材料
· 各式拼接與貼布縫用布片
· 袋底用布（包含拉鍊側身、側面側身、釦絆部
　分）35×20cm
· 補強布25×20cm
· 裡布55×25cm
· 鋪棉20×10cm
· 兩面接著鋪棉20×15cm
· 厚接著襯30×10cm
· 彈性襯各35×15cm
· 長65cm圓環拉鍊頭的創意組合拉鍊
　（圓環拉鍊頭）1條
· 25號繡線適量

* 作法重點
· 在完成壓線的袋蓋與袋底上描繪完成線。
· 圖案製圖P.96。

* 完成尺寸　6×16×3.5cm

袋蓋 1片
（表布、鋪棉、補強布、厚接著襯各1片）

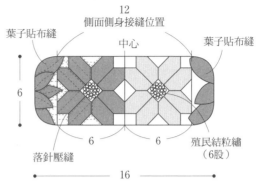

12
側面側身接縫位置
葉子貼布縫　　中心　　葉子貼布縫
6
6　　6
殖民結粒繡
（6股）
落針壓縫
16

※加上0.7cm縫份，接著襯直接裁剪。
※表布、鋪棉與補強布三層疊合，
　進行壓線後貼上厚接著襯。

袋底 1片
（表布、雙膠鋪棉、補強布各1片）

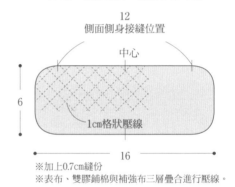

12
側面側身接縫位置
中心
6
1cm格狀壓線
16

※加上0.7cm縫份
※表布、雙膠鋪棉與補強布三層疊合進行壓線。

拉鍊側身 2片
（表布、厚接著襯、裡布、彈性襯各2片）

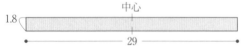

中心
1.8
29

※加上0.7cm縫份，厚接著襯與彈性襯直接裁剪。
※表布貼上厚接著襯，裡布貼上彈性襯。

側面側身 1片
（表布、雙膠鋪棉、補強布各 1 片）

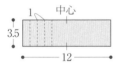

1　中心
3.5
12

※加上0.7cm縫份
※表布、雙膠鋪棉與補強布
　三層疊合進行機縫壓線

側面側身裡布 1片
（裡布、彈性襯各 1 片）

中心
3.5
12

※加上0.7cm縫份，
　彈性襯直接裁剪。

釦絆 2片
（直接裁剪）

3.5
5
摺四褶　0.9
裝飾車縫

裡袋蓋與裡底各1片
（裡布、彈性襯各2片）

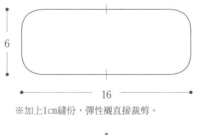

6
16

※加上1cm縫份，彈性襯直接裁剪。

1cm縫份
彈性襯

背面貼上彈性襯，
周圍進行平針縫再抽拉縫線至所需形狀。

1. 製作側身

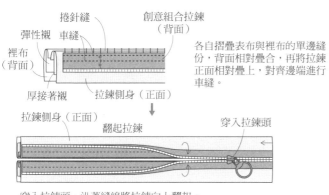

彈性襯 捲針縫
裡布（背面） 車縫
厚接著襯 拉鍊側身（正面）
創意組合拉鍊（背面）

各自摺疊表布與裡布的單邊縫份，背面相對疊合，再將拉鍊正面相對疊上，對齊邊端進行車縫。

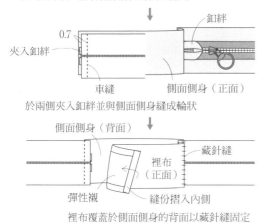

拉鍊側身（正面）
翻起拉鍊
穿入拉鍊頭

穿入拉鍊頭，沿著縫線將拉鍊向上翻起。

0.7
夾入釦絆
釦絆
車縫
側面側身（正面）

於兩側夾入釦絆並與側面側身縫成輪狀

側面側身（背面）
藏針縫
裡布（正面）
彈性襯
縫份摺入內側

裡布覆蓋於側面側身的背面以藏針縫固定

2. 縫合袋蓋與側身

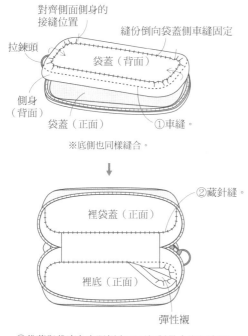

對齊側面側身的接縫位置
縫份倒向袋蓋側車縫固定
拉鍊頭
袋蓋（背面）
側身（背面）
袋蓋（正面）
①車縫。

※底側也同樣縫合。

②藏針縫。
裡袋蓋（正面）
裡底（正面）
彈性襯

①袋蓋與袋底各自跟側身正面相對疊合進行車縫，縫份倒向袋蓋與袋底側車縫固定。
②覆蓋上裡袋蓋與裡底以藏針縫固定。

〔原寸紙型〕

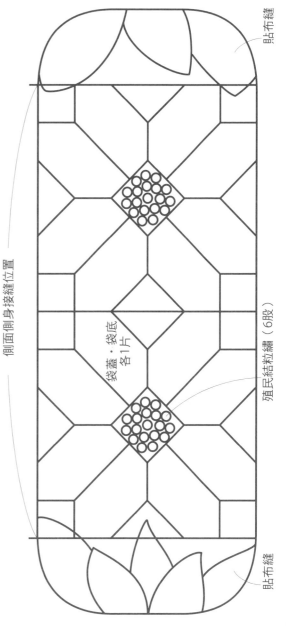

貼布縫
側面側身接縫位置
袋蓋・袋底 各1片
殖民結粒繡（6股）
貼布縫

57

植物貼布縫方包　　* 前、後片原寸紙型A面①

* 材料
・各式貼布縫與釦絆用布片
・前、後片用布（包含拉鍊側身、袋底側身部分）
　鋪棉各65×50cm
・胚布（包含補強布與斜布條部分）
　80×85cm
・接著襯各65×50cm
・鋪棉65×50cm
・長35cm拉鍊1條
・長40cm皮革提把1組
・25號繡線、提把用縫線各適量

* 作法重點
・前片是沿著貼布縫與刺繡進行落針壓縫。
・後片是進行波紋網格壓線，格寬依個人喜好製作。

* 完成尺寸　28.5×21.8×6cm

前片 1片
（表布、鋪棉、胚布 各 1 片）

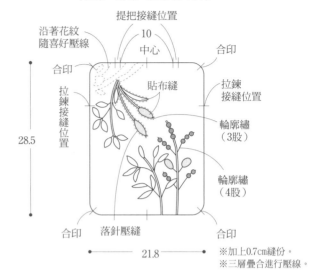

沿著花紋隨喜好壓線
提把接縫位置
10
中心
合印
合印
拉鍊接縫位置
貼布縫
拉鍊接縫位置
輪廓繡（3股）
28.5
輪廓繡（4股）
合印　落針壓縫　合印
21.8
※加上0.7cm縫份。
※三層疊合進行壓線。

後片1片
（表布、鋪棉、胚布、接著襯各 1 片）

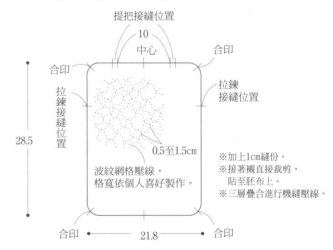

提把接縫位置
10
中心
合印
合印
拉鍊接縫位置
拉鍊接縫位置
28.5
0.5至1.5cm
波紋網格壓線，格寬依個人喜好製作。
※加上1cm縫份。
※接著襯直接裁剪，貼至胚布上。
※三層疊合進行機縫壓線。
合印　21.8　合印

釦絆 4片

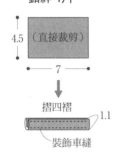

4.5（直接裁剪）
7
摺四褶
1.1
裝飾車縫

補強布4片
（表布、接著襯各4片）

4
1.5
※加上0.7cm縫份，接著襯直接裁剪。

袋底側身 1片（表布、鋪棉、胚布、接著襯各1片）

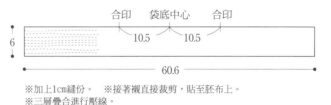

合印　袋底中心　合印
10.5　10.5
6
60.6
※加上1cm縫份。　※接著襯直接裁剪，貼至胚布上。
※三層疊合進行壓線。

拉鍊側身 2片（表布、鋪棉、胚布、接著襯各2片）

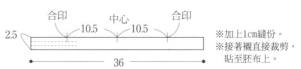

合印　中心　合印
2.5　10.5　10.5
36
※加上1cm縫份。
※接著襯直接裁剪，貼至胚布上。

1.製作拉鍊側身

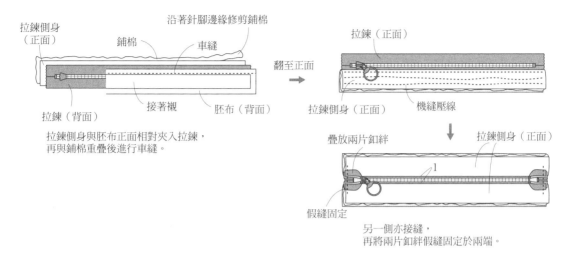

拉鍊側身（正面）
鋪棉
車縫
沿著針腳邊緣修剪鋪棉
接著襯
胚布（背面）
拉鍊（背面）

拉鍊側身與胚布正面相對夾入拉鍊，
再與鋪棉重疊後進行車縫。

翻至正面

拉鍊（正面）
拉鍊側身（正面）
機縫壓線

疊放兩片釦絆
拉鍊側身（正面）
1
假縫固定

另一側亦接縫，
再將兩片釦絆假縫固定於兩端。

2.製作側身

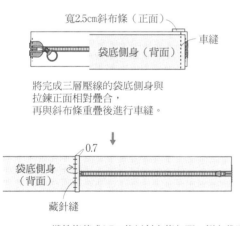

寬2.5cm斜布條（正面）
車縫
袋底側身（背面）

將完成三層壓線的袋底側身與
拉鍊正面相對疊合，
再與斜布條重疊後進行車縫。

0.7
袋底側身（背面）
藏針縫

縫份修剪成0.7cm後以斜布條包覆，倒向袋底
側身側以藏針縫固定。
另一側也同樣縫合，成為輪狀。

3.縫合本體與側身

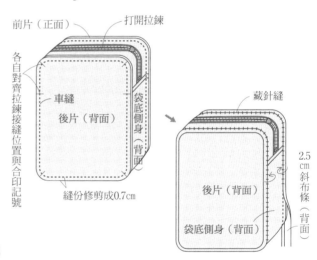

前片（正面）
打開拉鍊
各自對齊拉鍊接縫位置與合印記號
車縫
後片（背面）
袋底側身（背面）
縫份修剪成0.7cm

藏針縫
2.5cm斜布條（背面）
後片（背面）
袋底側身（背面）

前片與後片各自跟側身正面相對縫合，
縫份以2.5cm寬斜布條包覆，
倒向側身側以藏針縫固定。

4.接縫提把

以藏針縫將5.5×3cm的補強布
接縫於本體裡側，
挑縫至補強布接縫提把。

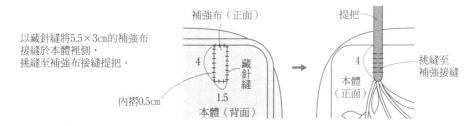

補強布（正面）
提把
4
藏針縫
內摺0.5cm
1.5
本體（背面）
本體（正面）
挑縫至補強接縫

圓圈圖案褶襉包　＊ 前片、後片、袋底側身原寸紙型A面②

＊ 材料

・各式拼接用布片
・袋底側身用布70×10cm
・鋪棉80×40cm
・胚布（包含補強部分）90×40cm
・包邊用布35×35cm
・提把用寬2.7cm布條50cm

＊ 作法重點

・依個人喜好在本體進行格狀與同心圓壓線。
・圖案製圖P.96。

＊ 完成尺寸　23×35.6×7cm

前、後片各1片
（表布、鋪棉、胚布各2片）

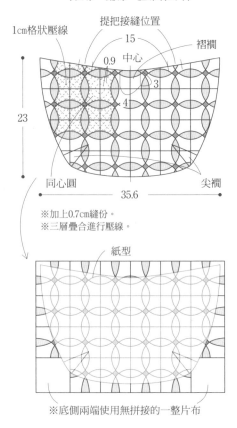

※加上0.7cm縫份。
※三層疊合進行壓線。

紙型

※底側兩端使用無拼接的一整片布

袋底側身1片（表布、鋪棉、
　　　胚布、接著襯各1片）

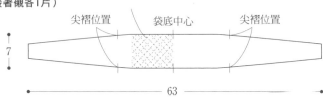

※加上0.7cm縫份。
※接著襯直接裁剪，
　貼至裁得稍大的胚布上。
※三層疊合進行壓線。

1. 摺疊褶襉並車縫尖褶

正面相對摺兩褶車縫袋口側，從中心展開。

2. 車縫尖褶

倒向中央進行藏針縫

在完成三層壓線的前片與後片車縫尖褶

3. 車縫本體

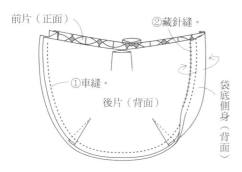

前片（正面）
②藏針縫。
①車縫。
後片（背面）
袋底側身（背面）

①前、後片與袋底側身正面相對疊合，車縫周圍。
②縫份以袋底側身的胚布包覆處理。

4. 袋口進行包邊

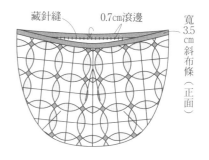

藏針縫
0.7cm滾邊
寬3.5cm斜布條（正面）

本體翻至正面，袋口以3.5cm寬斜布條包覆處理。

5. 接縫提把

補強布4片

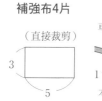

（直接裁剪）
3
5

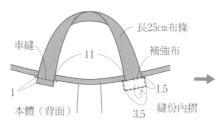

長25cm布條
車縫
補強布
11
1
1.5
本體（背面）
3.5
縫份內摺

①提把接縫於包邊的邊緣，
　疊上補強布以藏針縫固定。

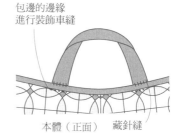

包邊的邊緣
進行裝飾車縫
本體（正面）　藏針縫

②自表側將提把縫合固定於包邊上。

〔 圖案的拼接方式 〕

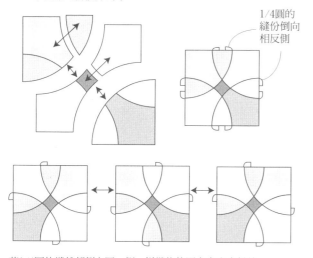

1/4圓的縫份倒向相反側

若1/4圓的縫份都倒向同一側，拼縫後的圓會產生高低差。

〔 原寸紙型 〕

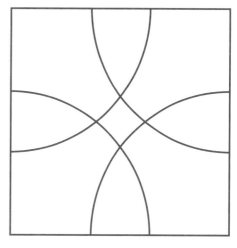

格子&三角形的縱長托特包　　*前、後片原寸紙型A面③

* 材料

· 各式拼接用布片
· 後片用布35×40cm
· 鋪棉65×40cm
· 胚布（包含磁釦用布、斜布條部分）
　55×55cm
· 直徑2.2cm磁釦1組
· 寬2cm麻布條55cm

* 作法重點

· 袋口縫份以3cm寬斜布條包覆，
　倒向胚布側縫合固定。
· 圖案的縫份倒向深色側。

* 完成尺寸　33×28cm

前片1片
（表布、鋪棉、胚布各1片）

提把接縫位置
11
中心
0.5
落針壓縫
2.5
2
5
5
2
磁釦凸面接縫位置（背面）
33
尖褶
28

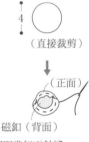
紙型

※由於壓線有時會產生皺縮，
　所以布片拼接得比紙型大。

※加上0.7cm縫份。
※三層疊合進行機縫壓線。

提把 2條

寬2cm麻布條
2
26
20
摺兩褶進行裝飾車縫

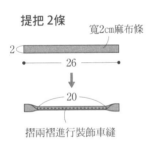

後片1片
（表布、鋪棉、胚布各1片）

提把接縫位置
11
中心
2.5
2
2.5
磁釦凹面接縫位置（背面）
33
尖褶
28

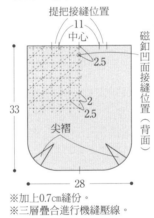

※加上0.7cm縫份。
※三層疊合進行機縫壓線。

磁釦用布 2片

4
（直接裁剪）
（正面）
磁釦（背面）

周圍進行平針縫，
放入磁釦後拉緊縫線。

1. 車縫前片與後片的尖褶

前片（背面）
尖褶
後片的尖褶倒向相反側

在完成三層壓線的
前片與後片車縫尖褶

2. 車縫本體

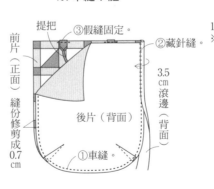

提把
③假縫固定。
②藏針縫
前片（正面）
後片（背面）
3.5cm滾邊（背面）
縫份修剪成0.7cm
①車縫。

①前片與後片正面相對疊合，車縫周圍。
②縫份以3.5cm寬斜布條包覆處理。
③假縫固定提把。

3. 袋口進行包邊

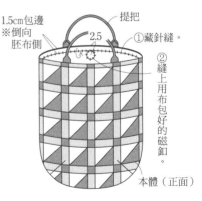

1.5cm包邊
※倒向胚布側
2.5
提把
①藏針縫。
②縫上用布包好的磁釦。
本體（正面）

①本體翻至正面，
　袋口以3.5cm寬斜布條包覆處理。
②縫上磁釦。

野玫瑰貼布縫短肩包　＊前、後片原寸紙型A面④

＊材料
・各式貼布縫用布片
・前、後片用布60×30cm
・袋底側身用布80×20cm
・鋪棉80×50cm
・接著襯75×15cm
・胚布（包含斜布條部分）85×50cm
・長60cm提把1組
・25號繡線、提把用縫線各適量

＊作法重點
・於貼布縫周圍進行落針壓縫。
・將格紋布活用於花朵貼布縫上。

＊完成尺寸　25.5×25.5×12.5cm

前片、後片各1片
（表布、鋪棉、胚布各2片）

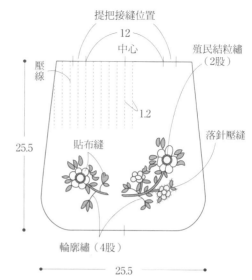

提把接縫位置
12
中心
殖民結粒繡（2股）
壓線
1.2
貼布縫
落針壓縫
25.5
輪廓繡（4股）
25.5

※貼布縫與刺繡僅限前片
※加上1cm縫份
※三層疊合進行壓線，後片進行寬1.2cm壓線。

袋底側身 1片
（表布、鋪棉、胚布、接著襯各1片）

隨喜好壓線　　袋底中心
12.5
72

※加上1cm縫份。
※接著襯直接裁剪，
　貼至裁得稍大的胚布上。
※三層疊合進行壓線。

1.車縫本體

前片（正面）
②藏針縫。
①車縫。
後片（背面）
袋底側身（背面）
縫份修剪成0.7cm

①前、後片與袋底側身正面相對疊合，
　車縫周圍。
②縫份以袋底側身的胚布包覆處理。

2.袋口進行包邊並接縫提把

提把
0.7cm包邊
※倒向胚布側
①藏針縫。
4　0.5　2.5
②車縫。
本體前片（正面）

①本體翻至正面，袋口的縫份（已修剪成0.7cm）
　以2.5cm寬斜布條包覆處理。
②接縫提把。

63

　小鳥花園肩背包 　＊ 原寸紙型B面①

＊ 材料
・各式貼布縫用布片
・前、後片用布（包含磁釦用布部分）
　75×25cm
・袋蓋用布40×20cm
・胚布（包含斜布條、磁釦用布部分）
　80×80cm
・袋口包邊用布（包含吊耳與擋布）25×25cm
・鋪棉75×40cm
・接著襯10×5cm
・內寸2cmD型環2個
・內徑1.3cm問號鉤2個
・肩背帶用寬1cm皮繩55cm
・直徑2.2cm磁釦1組
・25號繡線適量

＊ 作法重點
・袋蓋是沿著貼布縫與刺繡進行落針壓縫。

＊ 完成尺寸　19×26×6cm

前片 1片
（表布、鋪棉、胚布各1片）

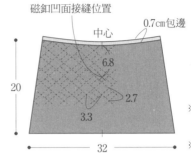

磁釦凹面接縫位置
0.7cm包邊
中心
6.8
2.7
3.3
20
32

※加上1.5cm縫份，
　袋口的縫份修剪成0.7cm，
　進行包邊。
※三層疊合進行壓線。

後片 1片
（表布、鋪棉、胚布各1片）

磁釦凸面接縫位置（背面）
落針壓縫
中心 2.3
袋蓋
13.3
吊耳接縫位置
0.5
26
33.3
吊耳接縫位置
2.7
3.3
20
32

※加上1.5cm縫份。
※三層疊合的袋蓋在貼布縫與刺繡的邊緣
　進行落針壓縫，後片進行機縫壓線。

吊耳 2片
（表布4片、接著襯2片）

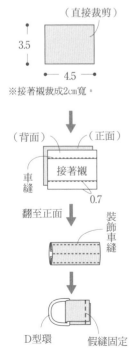

（直接裁剪）
3.5
4.5
※接著襯裁成2cm寬。

（背面）　（正面）
接著襯
車縫
0.7

翻至正面
裝飾車縫

D型環　假縫固定

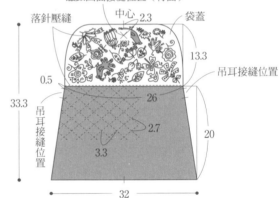

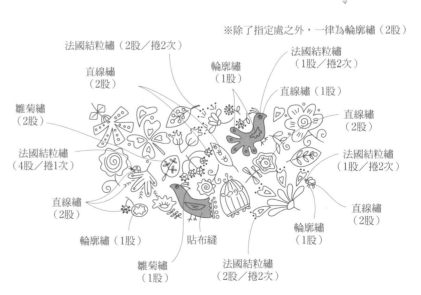

※除了指定處之外，一律為輪廓繡（2股）

法國結粒繡（2股／捲2次）
直線繡（2股）
輪廓繡（1股）
法國結粒繡（1股／捲2次）
直線繡（1股）
雛菊繡（2股）
直線繡（2股）
法國結粒繡（4股／捲1次）
法國結粒繡（1股／捲2次）
直線繡（2股）
輪廓繡（1股）
貼布縫
輪廓繡（1股）
雛菊繡（1股）
法國結粒繡（2股／捲2次）

1. 車縫前片與後片

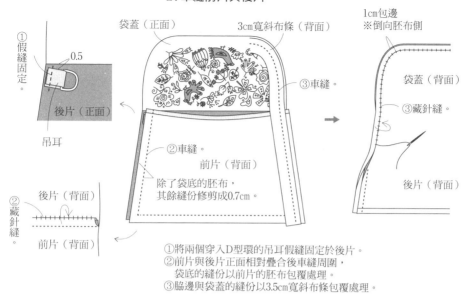

①假縫固定。

0.5

後片（正面）

吊耳

袋蓋（正面）

3cm寬斜布條（背面）

③車縫。

②車縫。

前片（背面）

除了袋底的胚布，
其餘縫份修剪成0.7cm。

1cm包邊
※倒向胚布側

袋蓋（背面）

③藏針縫。

後片（背面）

②藏針縫。

後片（背面）

前片（背面）

①將兩個穿入D型環的吊耳假縫固定於後片。
②前片與後片正面相對疊合後車縫周圍，
　袋底的縫份以前片的胚布包覆處理。
③脇邊與袋蓋的縫份以3.5cm寬斜布條包覆處理。

2. 車縫袋角側身

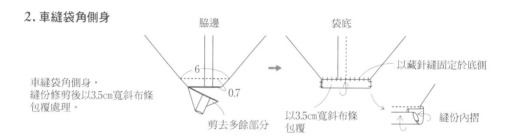

車縫袋角側身，
縫份修剪後以3.5cm寬斜布條
包覆處理。

脇邊

6

0.7

剪去多餘部分

袋底

以藏針縫固定於底側

以3.5cm寬斜布條
包覆

縫份內摺

3. 接縫磁釦與肩背帶

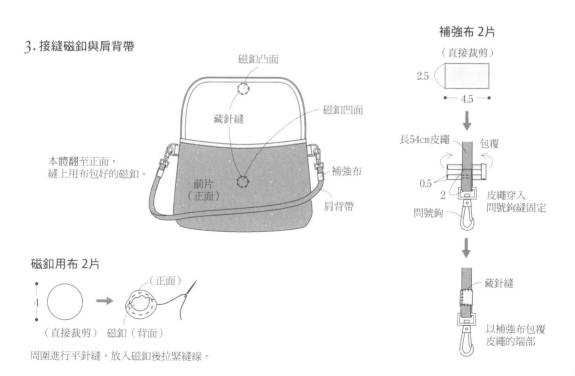

磁釦凸面

藏針縫

磁釦凹面

本體翻至正面，
縫上用布包好的磁釦。

前片
（正面）

補強布

肩背帶

磁釦用布 2片

4

（直接裁剪）

（正面）

磁釦（背面）

周圍進行平針縫，放入磁釦後拉緊縫線。

補強布 2片

（直接裁剪）

2.5

4.5

長54cm皮繩

包覆

0.5

2

問號鉤

皮繩穿入
問號鉤縫固定

藏針縫

以補強布包覆
皮繩的端部

p.22~25　四季托特包

* 材料
〈春季〉
・各式拼接用布片
・口布用布45×15cm／後片用布45×30cm
・袋底用布、補強布各40×15cm
・胚布（包含袋口用斜布條部分）90×70cm／
　鋪棉90×45cm
・提把用布、薄接著襯各30×10cm
・厚接著襯35×20cm／奇異襯35×10cm
・寬3.8cm麻布條55cm
・25號繡線適量
〈夏季〉
・各式拼接用布片
・口布用布45×15cm／後片用布45×30cm／袋底用布、補強布各
　40×15cm
・胚布（包含袋口用斜布條部分）90×70cm／
　鋪棉90×45cm
・提把用布、薄接著襯各30×15cm
・厚接著襯35×20cm／奇異襯35×10cm
・寬3cm麻布條55cm
〈秋季〉
・各式拼接用布片
・口布用布45×15cm／後片用布45×30cm／袋底用布、補強布各
　40×15cm
・胚布（包含袋口用斜布條部分）90×70cm／
　鋪棉90×45cm
・提把用布25×15cm
・厚接著襯35×20cm／奇異襯35×10cm
・25號繡線適量
〈冬季〉
・各式拼接與貼布縫用布片
・口布用布45×15cm／後片用布45×30cm／袋底用布、補強布各
　40×15cm
・胚布（包含袋口用斜布條部分）90×70cm／
　鋪棉90×45cm
・提把用布30×15cm（接著襯25×10cm）
・厚接著襯35×20cm／奇異襯35×10cm
・25號繡線適量

* 作法重點
・春季至秋季圖案製圖P.97。

* 完成尺寸　28×32×8cm

〔 夏季 〕

前片 1片
（表布、鋪棉、胚布各1片）

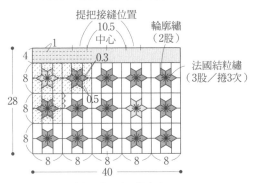

※加上1cm縫份，僅胚布兩脇邊是2cm。
※三層疊合進行壓線。

〔 夏季圖案 〕

前片 1片
（表布、鋪棉、胚布各1片）

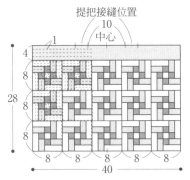

※加上1cm縫份，僅胚布兩脇邊是2cm。
※三層疊合進行壓線。

〔 秋季圖案 〕

前片 1片
（表布、鋪棉、胚布各1片）

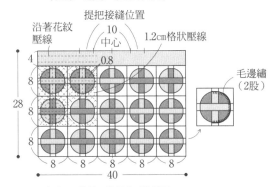

※加上1cm縫份，僅胚布兩脇邊是2cm。
※三層疊合進行壓線。

前片 1片
（表布、鋪棉、胚布各1片）

提把接縫位置
10
中心
輪廓繡
（4股）
1
1.2
貼布縫
4
4
4
28
8
8
8
4
4　8　8　8　8　4
40

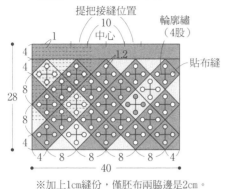

※加上1cm縫份，僅胚布兩脇邊是2cm。
※三層疊合進行機縫壓線。

〔 春・夏・秋・冬共用 〕

後片 1片
（表布、鋪棉、胚布各1片）

提把接縫位置
10.5
中心
1
4
2
1.8
28
24
40

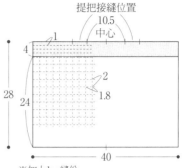

※加上1cm縫份。
※三層疊合進行壓線。
※口布部分皆與前片相同，
　本體部分隨喜好進行格狀機縫壓線。

〔 春・夏・秋・冬共用 〕

表底1片（表布、鋪棉、補強布、厚接著襯1片）

0.8
袋底中心
8
32

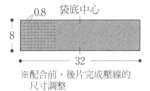

※加上1cm縫份。
※厚接著襯直接貼至補強布上。
※表布、鋪棉、補強布
　三層疊合進行壓線。

※配合前、後片完成壓線的
　尺寸調整

裡底1片（胚布、厚接著襯、奇異襯各1片）

袋底中心
8
32

※加上1cm縫份。
※貼上接著襯，
　縫份進行平針縫
　再抽拉縫線整出形狀。

※配合前後片完成壓線後的
　尺寸調整

〔 春季圖案 〕

提把2條（表布、薄布襯各2片）

4.4
（直接裁剪）
27.4
※薄接著襯裁寬成3cm

薄接著襯
（正面）
3
0.7
長27.4cm
寬3.8cm麻布條
裝飾車縫

剪掉兩端
0.7　3.8　0.7

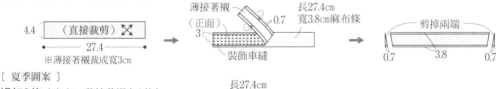

〔 夏季圖案 〕

提把2條（表布、薄接著襯各2片）

5.5
（直接裁剪）
27.4
※薄接著襯裁寬成4.5cm

長27.4cm
3cm麻布條
（背面）
摺三褶
3　0.7
4.5
裝飾車縫　薄接著襯

剪掉兩端
0.7　3　0.7

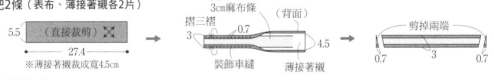

〔 秋季圖案 〕

提把2條（表布4片、鋪棉2片）

25
5.5
（直接裁剪）
0.5
24
※鋪棉直接裁剪。

（背面）（正面）
鋪棉
0.7
剪去多餘鋪棉

翻至正面
4
0.5cm裝飾車縫

9
摺兩褶進行0.2cm
裝飾車縫

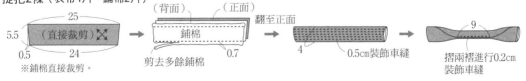

〔 冬季圖案 〕

提把2條（表布4片、接著襯2片）

27
0.5
4.5
1
25
0.5
※加上0.7cm縫份。
※接著襯直接裁剪。

（背面）（正面）
單邊貼上接著襯
0.7

翻至正面
0.3cm至0.5cm裝飾車縫

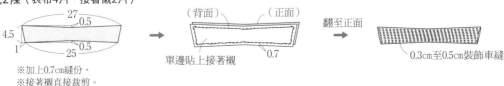

〔作法共用〕

1. 前片與後片跟袋底縫合，製作本體

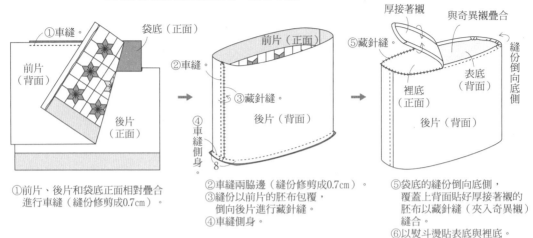

①前片、後片和袋底正面相對疊合
進行車縫（縫份修剪成0.7cm）。

②車縫兩脇邊（縫份修剪成0.7cm）。
③縫份以前片的胚布包覆，
倒向後片進行藏針縫。
④車縫側身。

⑤袋底的縫份倒向底側，
覆蓋上背面貼好厚接著襯的
胚布以藏針縫（夾入奇異襯）
縫合。
⑥以熨斗燙貼表底與裡底。

2. 接縫提把

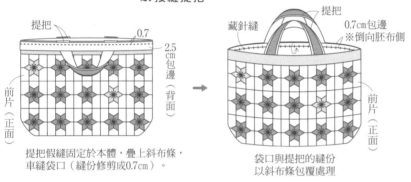

提把假縫固定於本體，疊上斜布條，
車縫袋口（縫份修剪成0.7cm）。

袋口與提把的縫份
以斜布條包覆處理

〔原寸紙型〕

春季圖案

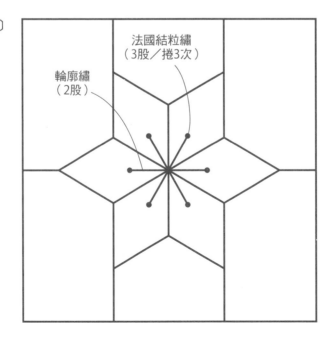

法國結粒繡
（3股／捲3次）

輪廓繡
（2股）

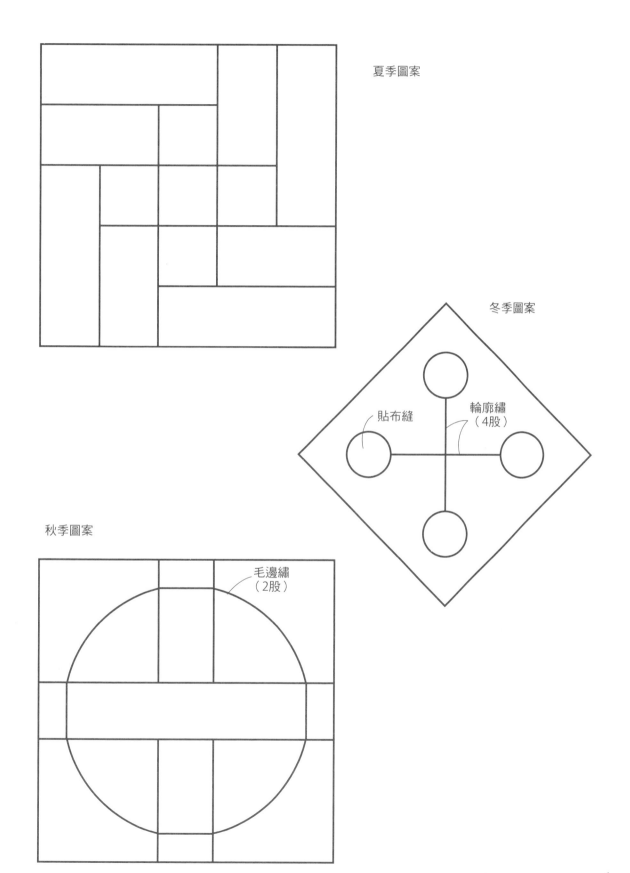

夏季圖案

冬季圖案

貼布縫

輪廓繡
（4股）

秋季圖案

毛邊繡
（2股）

八角拼接筆袋

* 材料
· 各式拼接與貼布縫用布片
· 後片用布（包含口布、拉鍊頭吊飾部分）
　35×30cm
· 胚布50×15cm
· 鋪棉、單膠鋪棉、薄接著襯
　各25×15cm
· 長20cm拉鍊1條
· 25號繡線適量

* 作法重點
· 後片與口布將布紋旋轉90度，使圖案產生變
　化。
· 圖案製圖P.96。

* 完成尺寸　11.5×22cm

前片 1片
（表布、鋪棉、胚布 各1片）

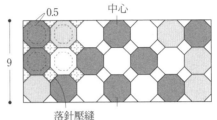

0.5
中心
9
落針壓縫
21

※外上0.7cm縫份。
※三層疊合進行壓線。

後片 1片
（表布、單膠鋪棉、胚布、薄接著襯各1片）

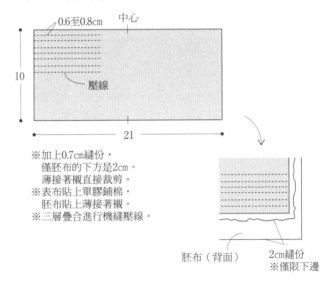

0.6至0.8cm
中心
10
壓線
21

※加上0.7cm縫份，
　僅胚布的下方是2cm。
　薄接著襯直接裁剪。
※表布貼上單膠鋪棉，
　胚布貼上薄接著襯。
※三層疊合進行機縫壓線。

胚布（背面）　2cm縫份
※僅限下邊

口布 1片
（表布、薄接著襯各1片）

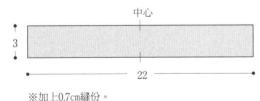

中心
3
22

※加上0.7cm縫份。

拉鍊頭吊飾 1片

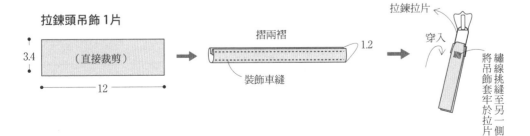

3.4　（直接裁剪）
12

摺兩褶
1.2
裝飾車縫

拉鍊拉片
穿入
將吊飾套牢於拉片
繡線挑縫至另一側

1.前片接縫拉錬再與後片車縫

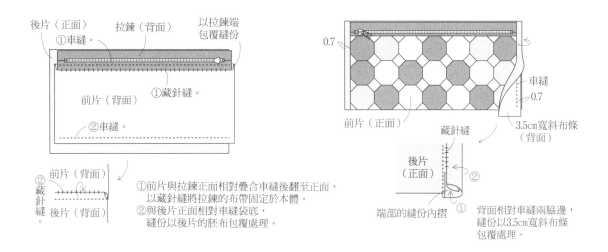

①前片與拉錬正面相對疊合車縫後翻至正面，
　以藏針縫將拉錬的布帶固定於本體。
②與後片正面相對車縫袋底，
　縫份以後片的胚布包覆處理。

2.車縫脇邊

背面相對車縫兩脇邊，
縫份以3.5cm寬斜布條
包覆處理。

3.接縫口布

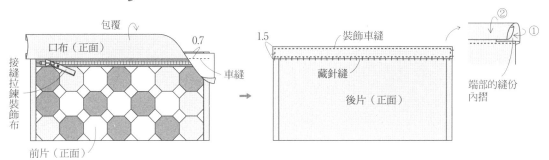

①口布正面相對疊合至拉錬的上側進行車縫，翻至正面包覆本體上緣以藏針縫固定，再進行裝飾車縫。
②接縫拉錬裝飾布。

〔 布片的拼接方式 〕

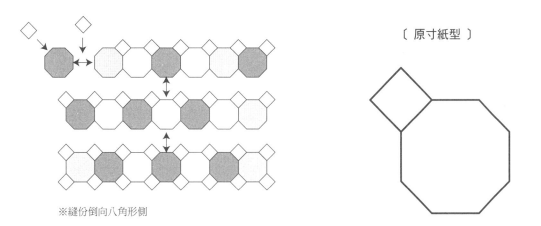

※縫份倒向八角形側

〔 原寸紙型 〕

* 材料
- 各式拼接、釦絆、拉鍊擋布、
  拉鍊頭吊飾用布片
- 後片用布20×15cm
- 袋底側身用布40×5cm
- 鋪棉40×20cm
- 胚布（包含斜布條部分）45×45cm
- 長41cm創意組合拉鍊1條

* 作法重點
- 可使用1.2cm方眼尺繪製拼接圖案。
- 前片拼接成較大片，等壓線後再標出完成線記號。

* 完成尺寸　10.8×17.4×2cm

前片 1片
（表布、鋪棉、胚布 各1片）

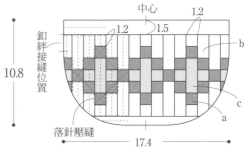

※加上0.7cm縫份。　※三層疊合進行壓線。

後片 1片
（表布、鋪棉、胚布 各1片）

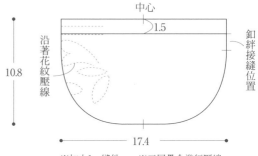

※加上1cm縫份。　※三層疊合進行壓線。

袋底側身 1片
（表布、鋪棉、胚布 各1片）

※加上0.7cm縫份，僅胚布的脇邊是2cm。
※三層疊合進行機縫壓線。

1. 車縫本體

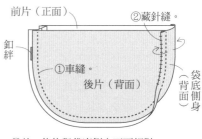

①前、後片與袋底側身正面相對，
　夾入釦絆後車縫周圍（縫份修剪成0.7cm）。
②縫份以袋底側身的胚布包覆處理。

釦絆 1片
（表布2片、鋪棉1片）

1.7
← 7 →
※加上0.7cm縫份。

（背面）　（正面）
鋪棉
剪去多餘鋪棉　0.7
翻至正面
裝飾車縫

拉鍊頭吊飾 1片

2（直接裁剪）
← 7 →

0.7　摺三褶
裝飾車縫

裝飾車縫
拉鍊的拉片　穿入

2. 袋口進行包邊

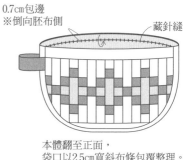

0.7cm包邊
※倒向胚布側
藏針縫

本體翻至正面，
袋口以2.5cm寬斜布條包覆整理。

3. 接縫拉鍊

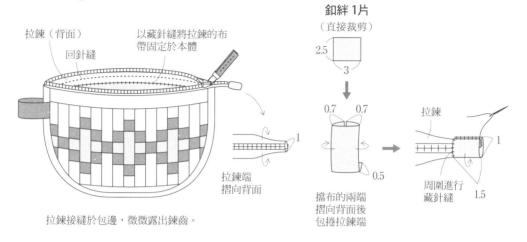

拉鍊接縫於包邊，微微露出鍊齒。

拉鍊（背面）
回針縫
以藏針縫將拉鍊的布帶固定於本體
拉鍊端摺向背面

釦絆 1片
（直接裁剪）
2.5
3
0.7　0.7
0.5
擋布的兩端摺向背面後包捲拉鍊端

拉鍊
周圍進行藏針縫
1.5
1
1

〔原寸紙型〕

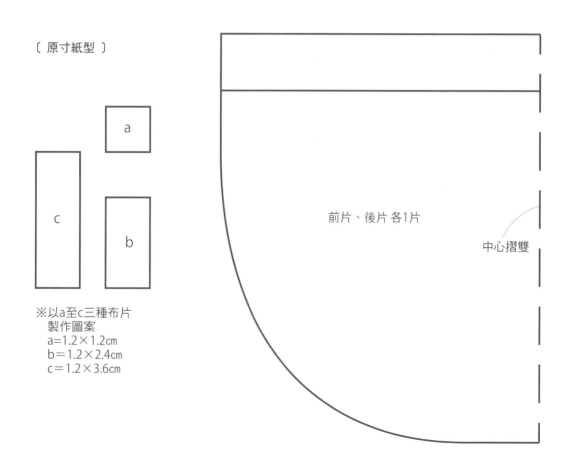

a

c

b

前片、後片 各1片

中心摺雙

※以a至c三種布片
　製作圖案
　a=1.2×1.2cm
　b=1.2×2.4cm
　c=1.2×3.6cm

花束提籃包　＊前、後片原寸紙型A面⑤

* 材料
・各式貼布縫用布片
・前、後片用布70×30cm
・表底用布、補強布各15×15cm
・包邊用布25×25cm
・厚接著襯、中厚接著襯各15×15cm
・胚布、鋪棉各90×30cm
・長49cm提把1條
・直徑2.5cm裝飾鈕釦2顆
・25號繡線、提把用縫線各適量

* 作法重點
・沿著貼布縫周圍與莖部線條進行落針壓縫。
・本體以編織圖案布模擬提籃。

* 完成尺寸　25.5×13×13cm

前片、後片 各1片
（表布、鋪棉、胚布各2片）

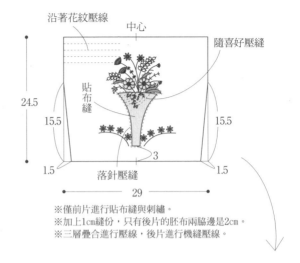

※僅前片進行貼布縫與刺繡。
※加上1cm縫份，只有後片的胚布兩脇邊是2cm。
※三層疊合進行壓線，後片進行機縫壓線。

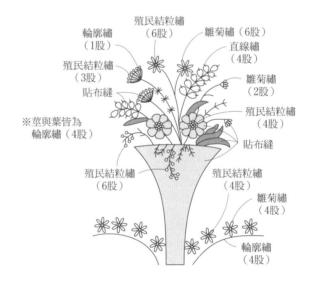

表底 1片
（表布、鋪棉、補強布、
厚接著襯 各1片）

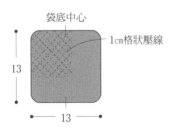

※加上1cm縫份。
※裁剪厚接著襯貼至表布。
※表布、鋪棉、補強布
　三層疊合進行機縫壓線。

裡底 1片
（胚布、中厚接著襯各1片）

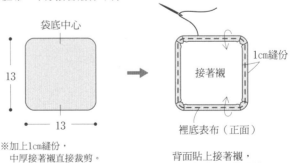

※加上1cm縫份，
　中厚接著襯直接裁剪。

背面貼上接著襯，
於縫份進行平針縫後
拉緊縫線。

1. 製作本體

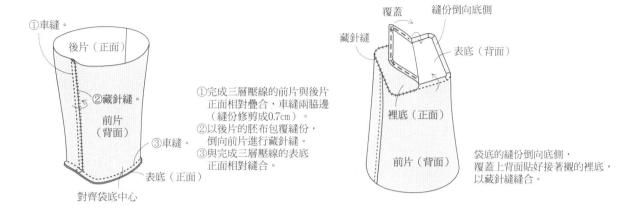

①車縫。

後片（正面）

②藏針縫。

前片
（背面）

③車縫。

表底（正面）

對齊袋底中心

①完成三層壓線的前片與後片
　正面相對疊合，車縫兩脇邊
　（縫份修剪成0.7cm）。
②以後片的胚布包覆縫份，
　倒向前片進行藏針縫。
③與完成三層壓線的表底
　正面相對縫合。

2. 以藏針縫接縫裡底

覆蓋

縫份倒向底側

藏針縫

表底（背面）

裡底（正面）

前片（背面）

袋底的縫份倒向底側，
覆蓋上背面貼好接著襯的裡底，
以藏針縫縫合。

3. 袋口進行包邊並接縫提把

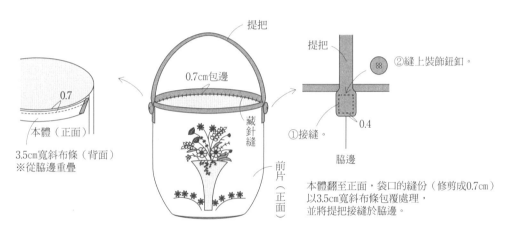

提把

0.7cm包邊

藏針縫

0.7

本體（正面）

3.5cm寬斜布條（背面）
※從脇邊重疊

前片（正面）

提把

②縫上裝飾鈕釦。

88

①接縫。

0.4

脇邊

本體翻至正面，袋口的縫份（修剪成0.7cm）
以3.5cm寬斜布條包覆處理，
並將提把接縫於脇邊。

〔 表底・裡底的原寸紙型 〕

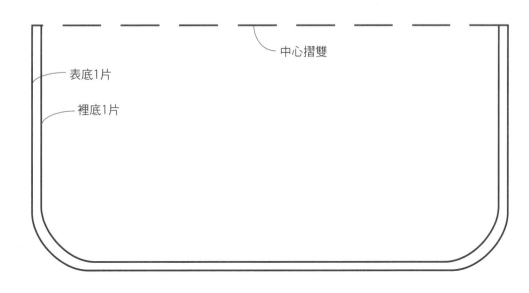

中心摺雙

表底1片

裡底1片

球根貼布縫肩背包　＊ 貼布縫原寸圖案A面⑥

＊ 材料
・各式貼布縫用布片
・前、後片用布、鋪棉各70×35cm
・胚布（包含斜布條部分）100×35cm
・肩背帶用布110×15cm
・寬4.5cm布條110cm
・25號繡線、手藝用棉花各適量

＊ 作法重點
・袋口的縫份以2.5cm寬斜布條包覆，倒向胚布側。
・後片是沿著花紋壓線。

＊ 完成尺寸　31.5×31cm

前片
（表布、鋪棉、胚布 各1片）

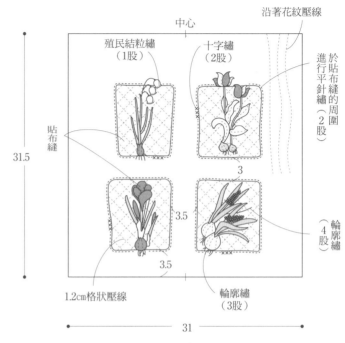

沿著花紋壓線

中心

殖民結粒繡（1股）

十字繡（2股）

於進行貼布縫平的針周繡圍（2股）

貼布縫

3

3.5

3.5

（輪4廓繡股）

1.2cm格狀壓線

輪廓繡（3股）

31

31.5

※加上1cm縫份，僅胚布兩脇邊是2cm。
※三層疊合進行壓線。

肩背帶 1片

（直接裁剪）

11

110

0.7

（背面）

0.7

摺兩褶進行車縫，將針腳置於中央重新摺疊，車縫單側的邊端。

翻至正面

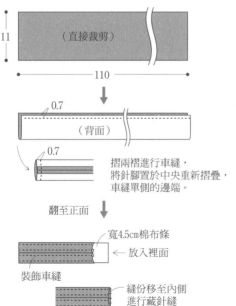

寬4.5cm棉布條

← 放入裡面

裝飾車縫

縫份移至內側進行藏針縫

後片
（表布、鋪棉、胚布 各1片）

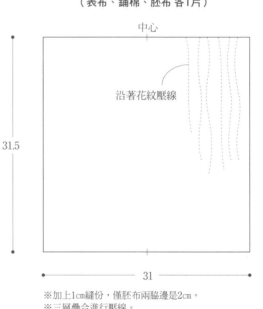

中心

沿著花紋壓線

31.5

31

※加上1cm縫份，僅胚布兩脇邊是2cm。
※三層疊合進行壓線。

　放入棉布條以裝飾車縫固定

1. 車縫本體

①前片與後片正面相對疊合，車縫周圍。
②依袋底、脇邊的順序，
　以前片的胚布包覆縫份，
　倒向後片以藏針縫固定。

2. 以斜布條處理袋口

本體翻至正面，
袋口的縫份以2.5cm寬斜布條
包覆處理。

3. 將肩背帶接縫於兩脇邊

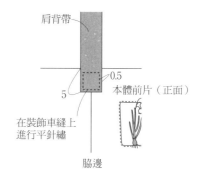

將肩帶車縫於本體的脇邊，
上面再以繡線進行平針繡。

〔 貼布縫與刺繡方法 〕

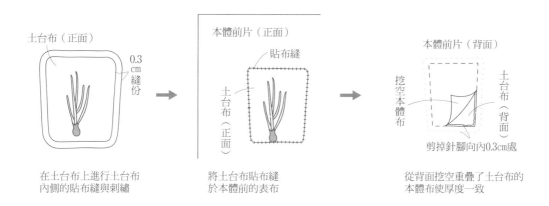

在土台布上進行土台布
內側的貼布縫與刺繡

將土台布貼布縫
於本體前的表布

從背面挖空重疊了土台布的
本體布使厚度一致

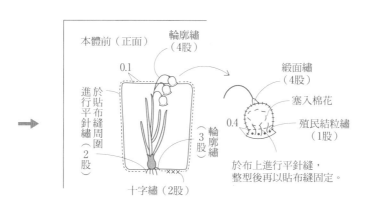

完成剩下的貼布縫與刺繡

＊ 材料

〈柳葉馬鞭草／春季〉
・各式貼布縫用布片
・本體用布（包含釦絆部分）50×20cm
・裡布30×20cm
・接著襯40×40cm
・PVC存摺＆卡片夾內頁1個
・寬2.5cm魔鬼氈、25號繡線適量

〈向日葵／夏季〉
・各式貼布縫用布片
・本體用布（包含釦絆部分）50×20cm
・裡布30×20cm
・接著襯40×40cm
・PVC存摺＆卡片夾內頁1個
・寬2.5cm魔鬼氈、25號繡線適量

〈虞美人／秋季〉
・各式貼布縫用布片
・本體用布（包含釦絆部分）50×20cm
・裡布30×20cm
・接著襯40×40cm
・PVC存摺＆卡片夾內頁1個
・寬2.5cm魔鬼氈、25號繡線適量

〈八角金盤／冬季〉
・各式貼布縫用布片
・本體用布（包含釦絆部分）50×20cm
・裡布30×20cm
・接著襯40×40cm
・PVC存摺＆卡片夾內頁1個
・寬2.5cm魔鬼氈、25號繡線適量

＊ 作法重點
・〈春季〉將捲針縫拼接的六角形布塊貼布縫於
　本體的上下側。

＊ 完成尺寸　各16×11.5cm

本體1片（表布、接著襯各1片）

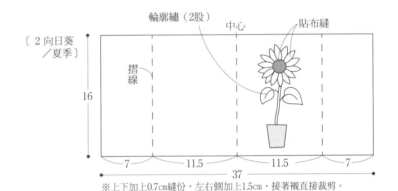

〔1 柳葉馬鞭草／春季〕

殖民結粒繡（3股）　中心　貼布縫
摺線　輪廓繡（1股）　直線繡（1股）
16
7　11.5　11.5　7
37
※上下側加上0.7cm縫份，左右側加上1.5cm，接著襯直接裁剪。

法國結粒繡（1股／捲1次）
輪廓繡（2股）
輪廓繡（1股）
貼布縫

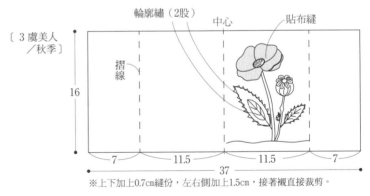

〔2 向日葵／夏季〕

輪廓繡（2股）　中心　貼布縫
摺線
16
7　11.5　11.5　7
37
※上下加上0.7cm縫份，左右側加上1.5cm，接著襯直接裁剪。

〔3 虞美人／秋季〕

輪廓繡（2股）　中心　貼布縫
摺線
16
7　11.5　11.5　7
37
※上下加上0.7cm縫份，左右側加上1.5cm，接著襯直接裁剪。

〔四件共用〕**裡布1片**
（裡布、接著襯各1片）

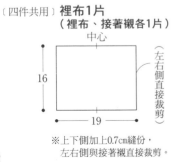

中心
16
（左右側直接裁剪）
19
※上下側加上0.7cm縫份，
　左右側與接著襯直接裁剪。

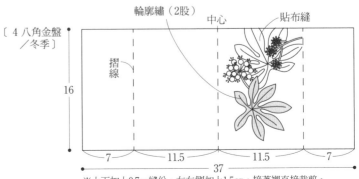

〔4 八角金盤／冬季〕

輪廓繡（2股）　中心　貼布縫
摺線
16
7　11.5　11.5　7
37
※上下加上0.7cm縫份，左右側加上1.5cm，接著襯直接裁剪。

袋蓋 1片
（表布、裡布、接著襯 各1片）

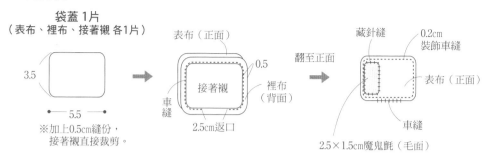

3.5

5.5

※加上0.5cm縫份，
接著襯直接裁剪。

表布（正面）

0.5

接著襯

裡布（背面）

車縫

2.5cm返口

翻至正面

藏針縫　　0.2cm
　　　　　裝飾車縫

表布（正面）

車縫

2.5×1.5cm魔鬼氈（毛面）

〔作法共用〕

1. 車縫本體兩端

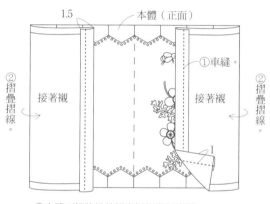

1.5

本體（正面）

①車縫。

接著襯

接著襯

②摺疊摺線。

②摺疊摺線。

1

①本體兩端的縫份摺向裡側進行車縫。
②正面相對摺疊摺線。

2. 與裡布縫合

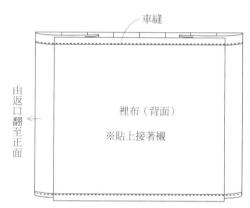

車縫

由返口翻至正面

裡布（背面）

※貼上接著襯

裡布對齊中心正面相對疊合，車縫上下側。

3. 接縫釦絆

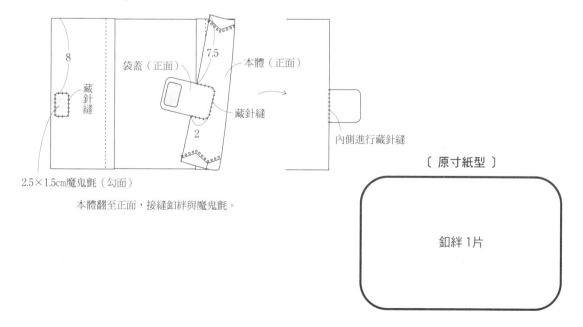

8

藏針縫

袋蓋（正面）

7.5

本體（正面）

藏針縫

2

內側進行藏針縫

2.5×1.5cm魔鬼氈（勾面）

本體翻至正面，接縫釦絆與魔鬼氈。

〔原寸紙型〕

釦絆 1片

79

1 柳葉馬鞭草＜春季＞

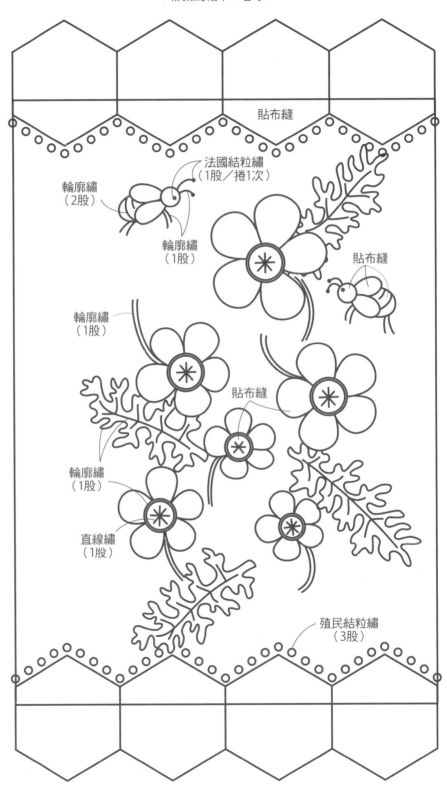

貼布縫

法國結粒繡
（1股／捲1次）

輪廓繡
（2股）

輪廓繡
（1股）

貼布縫

輪廓繡
（1股）

貼布縫

輪廓繡
（1股）

直線繡
（1股）

殖民結粒繡
（3股）

2 向日葵＜夏＞

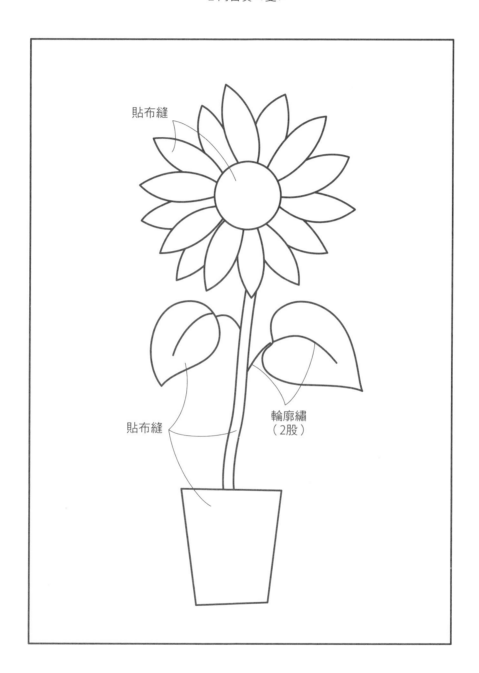

貼布縫

貼布縫

輪廓繡
（2股）

* 材料
- 各式貼布縫與包釦用布片
- 本體側面用布55×20cm
- 本體袋底用布30×15cm
- 包邊用布（包含擋布部分）25×20cm
- 胚布（包含斜布條部分）50×30cm
- 鋪棉45×25cm
- 長25cm雙開拉鍊1條
- 直徑2.4cm包釦4顆
- 25號繡線適量

* 作法重點
- 沿樹木內側的刺繡進行落針壓縫。

* 完成尺寸　18.5×19×3cm

本體1片
（表布、鋪棉、胚布各1片）

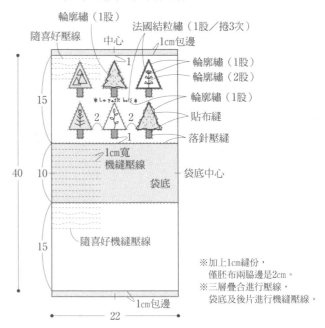

輪廓繡（1股）
隨喜好壓線
中心
法國結粒繡（1股／捲3次）
1cm包邊
輪廓繡（1股）
輪廓繡（2股）
輪廓繡（1股）
貼布縫
落針壓縫
* Le petit bois *
1cm寬
機縫壓線
袋底
袋底中心
隨喜好機縫壓線

※加上1cm縫份，
　僅胚布兩脇邊是2cm。
※三層疊合進行壓線，
　袋底及後片進行機縫壓線。

---

1. 車縫本體

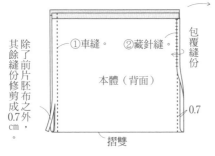

除了前片胚布之外，其餘縫份修剪成0.7cm，。
①車縫。
②藏針縫。
包覆縫份
本體（背面）
摺雙
0.7

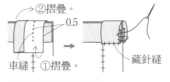

②摺疊。
0.5
車縫　①摺疊。
藏針縫

以擋布包覆包邊的端部

①完成三層壓線的本體正面相對摺兩褶，車縫脇邊。
②除了前片的胚布之外，脇邊的縫份皆修剪成0.7cm，
　再以預留的前片胚布包覆處理。

擋布 2片
3.5
（直接裁剪）
3

---

2. 車縫袋角側身

前片脇邊（背面）　後片（背面）
3
0.7
剪去多餘部分

袋底
固定於底側
以藏針縫
以3.5cm寬斜布條包覆處理
縫份內摺

車縫袋角側身，剪去多餘部分，
以3.5cm寬斜布條包覆處理。

---

3. 接縫拉鍊

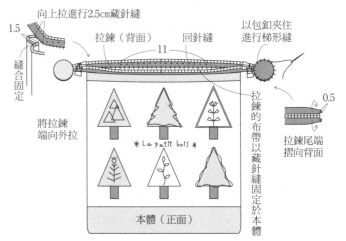

向上拉進行2.5cm藏針縫
1.5
縫合固定
拉鍊（背面）
11
回針縫
以包釦夾住進行梯形縫
拉鍊的布帶以藏針縫固定於本體
0.5
拉鍊尾端摺向背面
將拉鍊端向外拉
* Le petit bois *
本體（正面）

拉鍊接縫於包邊，微微露出鍊齒。

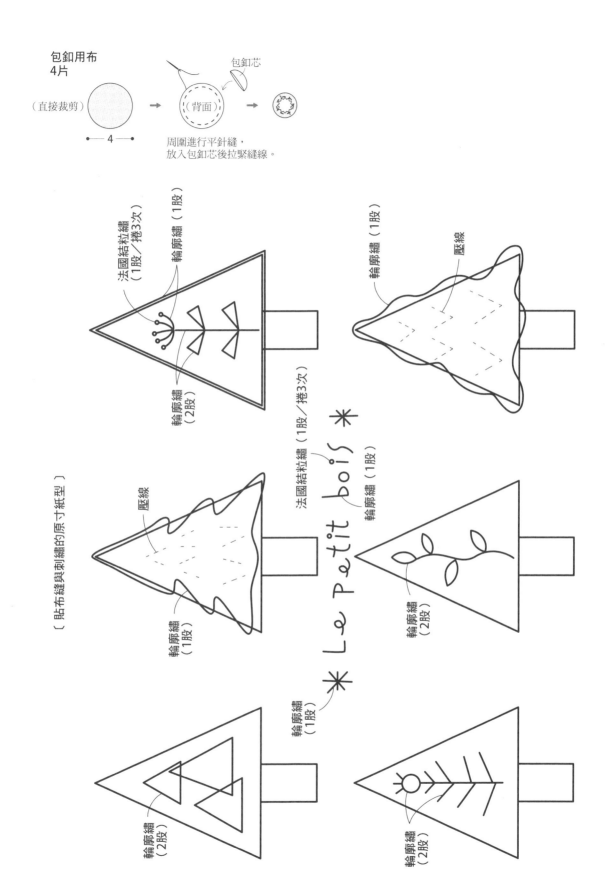

包釦用布
4片

（直接裁剪）

←—— 4 ——→

包釦芯

（背面）

周圍進行平針縫，
放入包釦芯後拉緊縫線。

法國結粒繡
（1股／捲3次）

輪廓繡（1股）

輪廓繡（2股）

輪廓繡（1股）

壓線

法國結粒繡（1股／捲3次）

輪廓繡（1股）

壓線

輪廓繡（1股）

〔貼布縫與刺繡的原寸紙型〕

❋ Le Petit bois ❋

輪廓繡（2股）

輪廓繡（1股）

輪廓繡（2股）

輪廓繡（2股）

83

三角拼接包　＊ 前、後片原寸紙型A面②

＊ 材料
・各式拼接用布片
・後片用布45×30cm
・袋底側身用布90×10cm
・接著襯85×5cm
・鋪棉90×40cm
・胚布（包含袋口用斜布條部分）
　90×90cm
・脇邊用3.5cm寬斜布條175cm
・長57至65cm、2cm合成皮提把1組
・提把用縫線各適量

＊ 作法重點
・袋底可於中心部分接合布。
・由於壓線有時會產生皺縮，最好將布片拼接得大於本體尺寸。
・袋口的縫份以2.5cm寬斜布條包覆，倒向胚布側處理。
・圖案製圖P.96。

＊ 完成尺寸　25×39×5cm

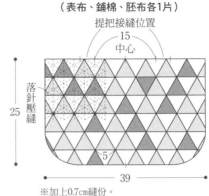

前片1片
（表布、鋪棉、胚布各1片）
提把接縫位置
15
中心
落針壓縫
25
5
39
※加上0.7cm縫份。
※三層疊合進行壓線。

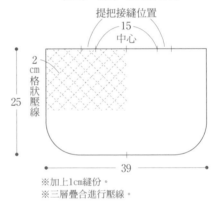

後片1片
（表布、鋪棉、胚布各1片）
提把接縫位置
15
中心
2cm格狀壓線
25
39
※加上1cm縫份。
※三層疊合進行壓線。

袋底側身1片（表布、接著襯、鋪棉、胚布各1片）

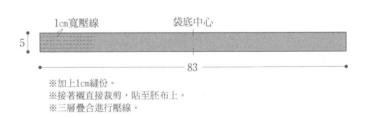

1cm寬壓線　　袋底中心
5
83
※加上1cm縫份。
※接著襯直接裁剪，貼至胚布上。
※三層疊合進行壓線。

〔 布片的拼接方式 〕

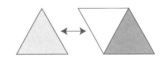

①接縫相鄰的布片。

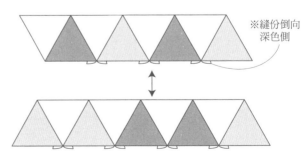

※縫份倒向深色側

②接縫各列。
　※接縫後的縫份皆倒向底側

1. 以斜布條整理前、後片與袋底側身口

0.7cm包邊　※倒向胚布側。

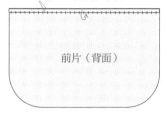

前片（背面）

0.7cm包邊　※倒向胚布側。

後片（背面）

以2.5cm寬斜布條包覆完成3層壓線的
前、後片與袋底側身口的縫份

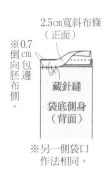

2.5cm寬斜布條（正面）

※0.7cm包邊倒向胚布側。

藏針縫

袋底側身（背面）

※另一側袋口作法相同。

2. 縫合前、後片與袋底側身

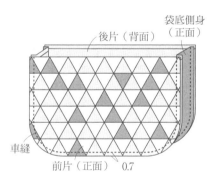

袋底側身（正面）

後片（背面）

車縫

前片（正面）　0.7

前、後片（縫份修剪成0.7cm）
與袋底側身背面相對車縫周圍

3. 進行包邊

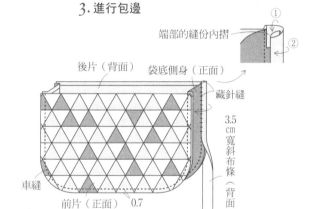

端部的縫份內摺

①
②

後片（背面）　袋底側身（正面）

藏針縫

3.5cm寬斜布條（背面）

車縫

前片（正面）　0.7

翻至正面，縫份以斜布條包覆整理。

4. 接縫提把

提把

車縫　0.4

0.7cm包邊

本體前片（正面）

於前、後片接縫市售的提把

〔原寸紙型〕

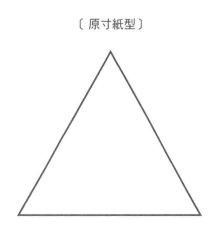

* 材料
· 各式拼接用布片
· 後片用布40×35cm
· 鋪棉75×35cm
· 胚布（補強布、包含斜布條部分）
　110×110cm
· 長35cm寬6cm合成皮提把1組

* 作法重點
· 袋口的縫份以2.5cm寬斜布條包覆，倒向胚布側處理。
· 圖案製圖P.97。

* 完成尺寸　25×27×6cm

前片1片
（表布、鋪棉、胚布各1片）

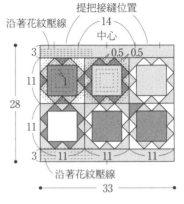

沿著花紋壓線
提把接縫位置
14
中心
3　0.5 0.5
11　1
28
11
3　11　11　11
33
沿著花紋壓線

※加上0.7cm縫份，僅胚布的袋底是2cm。
※三層疊合進行壓線。

後片1片
（表布、鋪棉、胚布各1片）

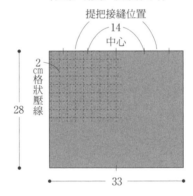

提把接縫位置
14
中心
2cm格狀壓線
28
33

※加上1cm縫份。
※三層疊合進行機縫壓線。

1. 以斜布條整理前、後片的袋口

※0.7cm縫份皆倒向胚布側。
2.5cm寬斜布條（正面）
藏針縫
前片（背面）
※後片作法相同。

以2.5cm寬斜布條包覆完成三層壓線的前、後片袋口縫份

2. 縫合前片與後片

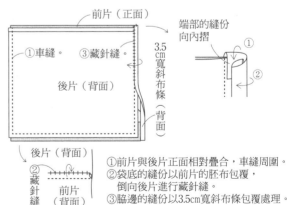

前片（正面）
端部的縫份向內摺
①
②
①車縫。
③藏針縫。
後片（背面）
3.5cm寬斜布條（背面）
後片（背面）
②藏針縫
前片（背面）

①前片與後片正面相對疊合，車縫周圍。
②袋底的縫份以前片的胚布包覆，倒向後片進行藏針縫。
③脇邊的縫份以3.5cm寬斜布條包覆處理。

3. 車縫袋角側身

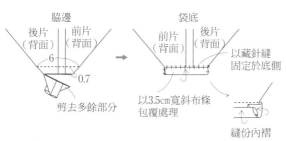

車縫袋角側身，剪去多餘的縫份，
再以3.5cm寬斜布條包覆處理。

4. 接縫提把

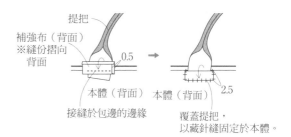

提把與補強布重疊，
以正面不太看得見縫線的藏針縫
接縫於本體內側的包邊邊緣。

補強布4片

（直接裁剪）

3.5 ［ ］ 8.5

〔 圖案的原寸紙型 〕

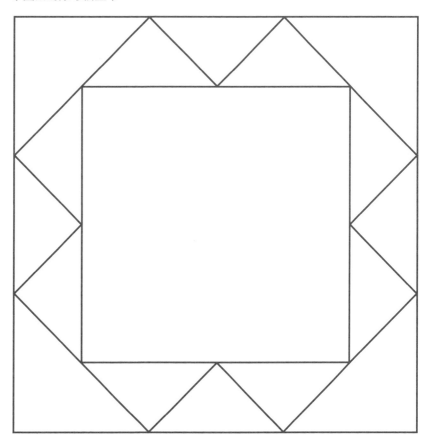

六角拼接園藝包

* 材料
·各式拼接用布片
·口布（含提把部分）90×15cm
·鋪棉80×60cm
·胚布80×50cm

* 作法重點
·六角形的縫份倒成風車狀。
·由於壓線有時會產生皺縮，最好將布片拼接得
　大於本體尺寸。
·將鋪棉捲成圓條狀再以口布包覆，使袋口包邊
　呈現立體感。
·六角形圖案製圖P.96。

* 完成尺寸　28×26×12cm

本體1片
（表布、鋪棉、胚布 各1片）

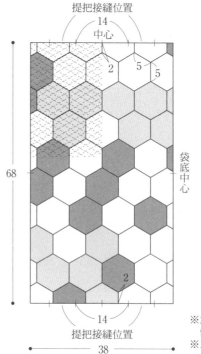

※加上0.7cm縫份，
　僅胚布兩脇邊是2cm。
※三層疊合進行壓線。

口布1片（表布、鋪棉 各1片）

※鋪棉裁成12cm寬

1.車縫本體

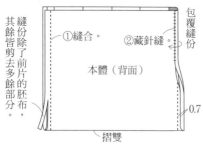

①完成三層壓線的本體正面相對摺兩摺，
　車縫脇邊。
②除了前片的胚布，
　脇邊的縫份皆修剪成0.7cm，
　再以預留的前片胚布包覆處理。

2.車縫袋角側身

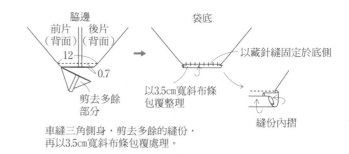

車縫三角側身，剪去多餘的縫份，
再以3.5cm寬斜布條包覆處理。

3. 袋口進行包邊

①縫合。　0.7　　口布（背面）

5.5

12

鋪棉

接合縫成輪狀

捲成圓條狀

本體（正面）

開始接縫處摺成斜狀

0.7　0.7

口布（背面）

重疊

②鋪棉捲成圓條狀假縫固定。

口布（背面）

包覆

①本體翻至正面，
　與口布正面相對疊合，
　再疊上鋪棉車縫。
②鋪棉捲成圓條狀假縫固定，
　以口布包覆，
　再以藏針縫固定於本體內側。

1.8　②藏針縫。

本體（正面）

4. 接縫提把

接縫於包邊的邊緣

提把接縫於本體內側的包邊邊緣

1　3　本體（背面）

摺入內側

以藏針縫固定於本體與包邊

本體（背面）

正面進行藏針縫

本體（正面）

提把2條
（表布4片、鋪棉2片）

8.5

（原寸裁剪）

45

（背面）　　（正面）

鋪棉

剪去多餘鋪棉　　0.7

翻至正面

1.2cm裝飾車縫

17

摺兩褶進行裝飾車縫

〔 原寸紙型 〕

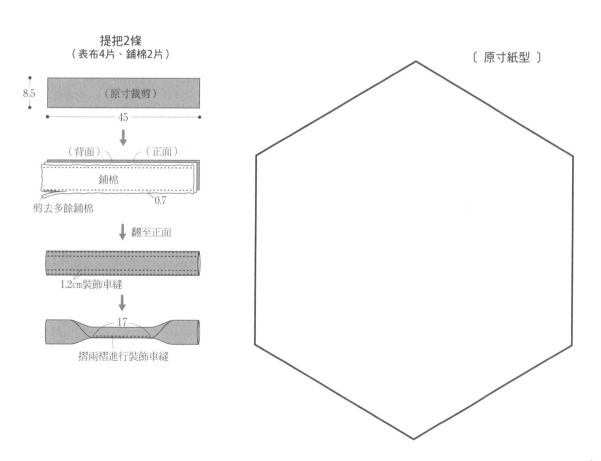

＊ 材料

・各式拼接用布片
・內口袋用網眼布60×20cm
・表底用布（包含袋口用斜布條部分）
　60×60cm
・補強布、雙膠鋪襯各40×15cm
・接著襯35×15cm
・胚布90×45cm
・鋪棉90×45cm
・長40cm提把1組
・提把用縫線各適量

＊ 作法重點

・由於壓線有時會產生皺縮，袋底要配合壓線後
　的前、後片尺寸適度調整。
・線軸與十字繡圖案製圖P.97。

＊ 完成尺寸　24×35×8cm

前片1片
（表布、鋪棉、胚布各1片）

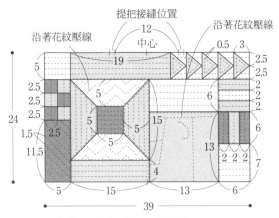

※加上0.7cm縫份，僅胚布兩脇邊是2cm。
※三層疊合進行壓線。

後片1片
（表布、鋪棉、胚布各1片）

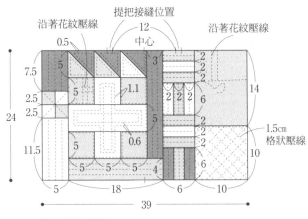

※加上0.7cm縫份。
※三層疊合進行壓線。

內口袋2片

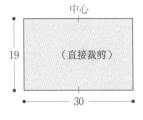

周圍摺三褶進行裝飾車縫

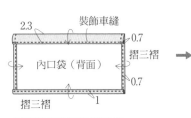

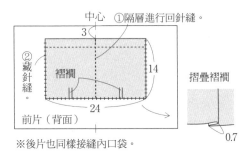

※後片也同樣接縫內口袋。

①中心以回針縫固定於本體內側，
　以免露出正面。
②底側摺出兩個褶襉，周圍進行藏針縫。

表底1片（表布、雙膠鋪棉、補強布、接著襯各1片）

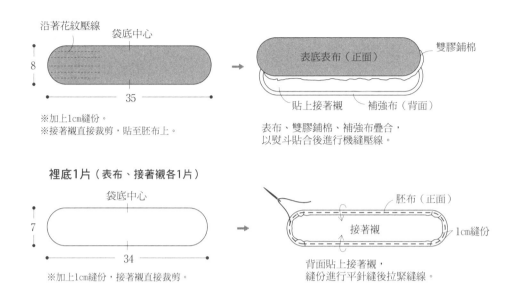

沿著花紋壓線
袋底中心
8
35

※加上1cm縫份。
※接著襯直接裁剪，貼至胚布上。

雙膠鋪棉
表底表布（正面）
貼上接著襯　　補強布（背面）

表布、雙膠鋪棉、補強布疊合，
以熨斗貼合後進行機縫壓線。

裡底1片（表布、接著襯各1片）

袋底中心
7
34

※加上1cm縫份，接著襯直接裁剪。

胚布（正面）
接著襯
1cm縫份

背面貼上接著襯，
縫份進行平針縫後拉緊縫線。

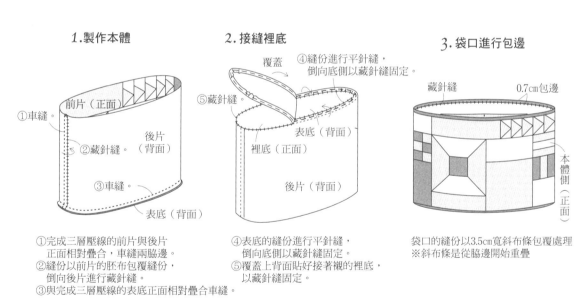

1. 製作本體

前片（正面）
①車縫。
②藏針縫。
後片（背面）
③車縫。
表底（背面）

①完成三層壓線的前片與後片
　正面相對疊合，車縫兩脇邊。
②縫份以前片的胚布包覆縫份，
　倒向後片進行藏針縫。
③與完成三層壓線的表底正面相對疊合車縫。

2. 接縫裡底

覆蓋
④縫份進行平針縫，
　倒向底側以藏針縫固定。
⑤藏針縫。
表底（背面）
裡底（正面）
後片（背面）

④表底的縫份進行平針縫，
　倒向底側以藏針縫固定。
⑤覆蓋上背面貼好接著襯的裡底，
　以藏針縫固定。

3. 袋口進行包邊

藏針縫
0.7cm包邊
本體側（正面）

袋口的縫份以3.5cm寬斜布條包覆處理
※斜布條是從脇邊開始重疊

4. 接縫提把

提把
車縫

提把接縫於
前片與後片

* 材料
・各式拼接用布片
・表底用布、補強布各20×20cm
・提把用布40×10cm
・包邊用布45×45cm
・胚布（包含隔層、磁釦用布部分）90×50cm
・鋪棉80×35cm
・奇異襯40×15cm
・厚接著襯40×35cm
・薄接著襯35×5cm
・直徑2cm磁釦1組

* 作法重點
・由於壓線會產生皺縮，袋底要配合壓線後的前
　後片尺寸適度調整。
・裡底的尺寸縮小0.4cm。

* 完成尺寸　22×16×15cm

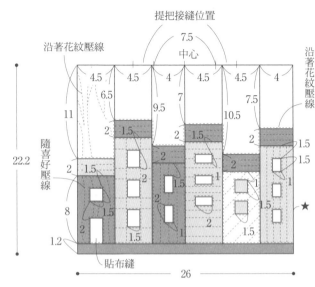

本體2片
（表布、鋪棉、胚布各2片）

※加上0.7cm縫份，僅胚布兩脇邊是2cm。
※三層疊合進行壓線。

提把2條
（表布4片、鋪棉、薄接著襯各2片）

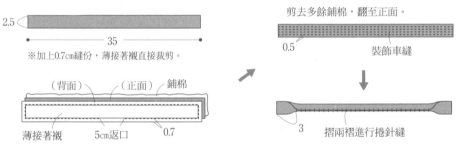

※加上0.7cm縫份，薄接著襯直接裁剪。

剪去多餘鋪棉，翻至正面。

表底1片
（表布、鋪棉、補強布、
　厚接著襯各1片）

裡底1片
（胚布、厚接著襯各1片）

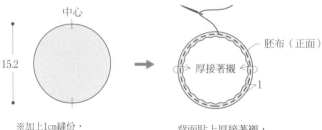

※加上0.7cm縫份，
　厚接著襯直接裁剪。
※表布貼上厚接著襯。
※表布、鋪棉、胚布三層疊合進行壓線。

※加上1cm縫份，
　厚接著襯直接裁剪。

背面貼上厚接著襯，
縫份進行平針縫後
拉緊縫線。

1. 製作本體

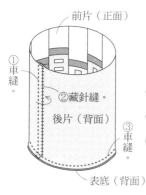

前片（正面）

①車縫。

②藏針縫。

後片（背面）

③車縫。

表底（背面）

①完成三層壓線的前片與後片
正面相對疊合，車縫兩脇邊。
②縫份以前片的胚布包覆，
倒向★側進行藏針縫。
③與完成三層壓線的表底正面
相對疊合車縫。

2. 袋口進行包邊並接縫提把

提把

0.7cm滾邊

藏針縫

周圍進行
藏針縫

提把

表側也進行藏針縫

車縫包邊的邊緣

本體前片（正面）

本體翻至正面，
袋口的縫份以3.5cm寬
斜布條包覆處理，
再縫上提把。

3. 接縫裡底與隔層

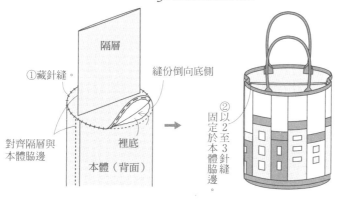

隔層

①藏針縫。

縫份倒向底側

對齊隔層與
本體脇邊

裡底

本體（背面）

②以2至3針縫固定於本體脇邊。

①覆蓋上加裝隔層的裡底，
以藏針縫縫合。
②將隔層上方的兩端
縫固定於本體脇邊。

隔層 1片
（表布2片、厚接著襯、
奇異襯各1片）

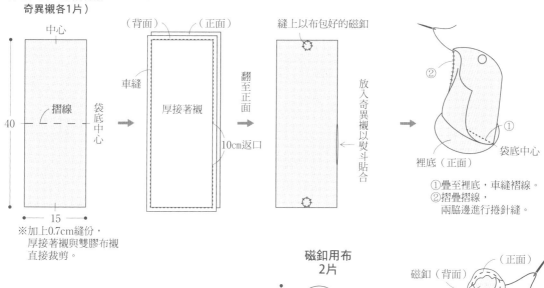

中心

40

摺線

袋底中心

15

※加上0.7cm縫份，
厚接著襯與雙膠布襯
直接裁剪。

（背面） （正面）

車縫

厚接著襯

翻至正面

10cm返口

縫上以布包好的磁釦

放入奇異襯以熨斗貼合

②

①

裡底（正面）

袋底中心

①疊至裡底，車縫褶線。
②摺疊摺線，
兩脇邊進行捲針縫。

磁釦用布
2片

4

（直接裁剪）

磁釦（背面）

（正面）

周圍進行平針縫，
放入磁釦後後拉緊縫線。

貓咪迷你包

本體1片

* 材料
・各式貼布縫用布片
・本體用網紗25×45cm
・提把用 2cm麻織帶55cm
・包邊用 3.5cm寬織帶50cm
・2.5cm織帶50cm
・直徑0.1cm蠟繩兩種各10cm
・直徑0.5cm圈環3個
・長3.9cm魚形木頭配飾3個
・25號繡線、接著襯各適量

* 作法重點
・貼布縫布塊是接縫於網紗的背面。

* 完成尺寸　19×18×4cm

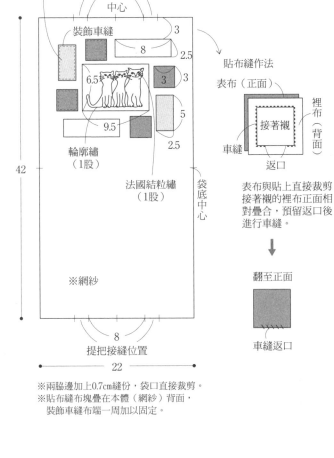

貼布縫作法

表布與貼上接著襯的裡布正面相對疊合，預留返口後進行車縫。

翻至正面

※兩脇邊加上0.7cm縫份，袋口直接裁剪。
※貼布縫布塊疊在本體（網紗）背面，裝飾車縫布端一周加以固定。

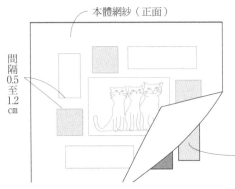

間隔0.5至1.2cm

貼布縫布塊疊放於背面，疏縫後再進行車縫一周。

1. 車縫本體

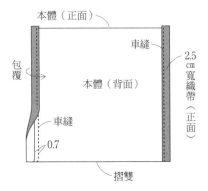

本體正面相對摺兩褶，車縫脇邊，縫份以2.5cm寬織帶包覆處理。

2. 車縫袋角側身

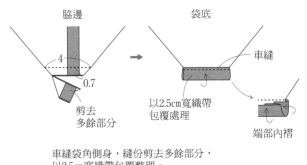

車縫袋角側身，縫份剪去多餘部分，以2.5cm寬織帶包覆整理。

94

3.袋口進行包邊

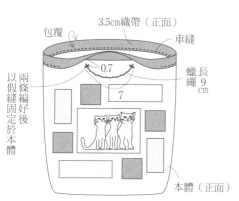

3.5cm織帶（正面）

包覆

車縫

0.7

7

蠟繩 長9cm

兩條編好後以假縫固定於本體

本體（正面）

本體翻至正面，
袋口以摺成兩褶的3.5㎝織帶包覆處理。

4.接縫提把

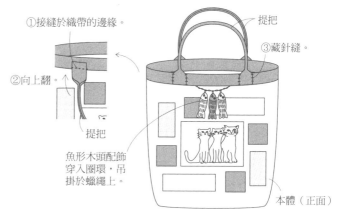

①接縫於織帶的邊緣。

②向上翻。↑

提把

提把

③藏針縫。

魚形木頭配飾穿入圈環，吊掛於蠟繩上。

本體（正面）

提把接縫於織帶邊緣，
魚形木頭配飾吊掛於蠟繩上。

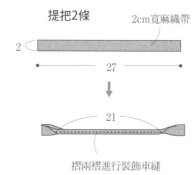

提把2條

2cm寬麻織帶

2

27

21

摺兩褶進行裝飾車縫

〔 刺繡的原寸圖案 〕

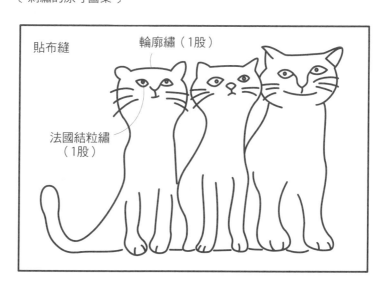

貼布縫

輪廓繡（1股）

法國結粒繡（1股）

〔 本書作品運用到的圖案製圖 〕

●正三角形…P.84

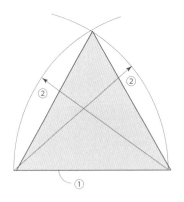

●正六角形…P.88

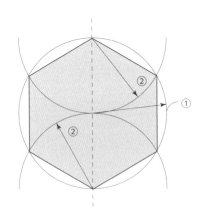

●正八角形…P.70

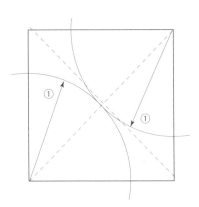 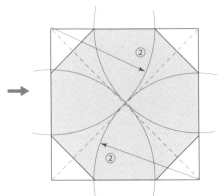

●鑽石花…P.56

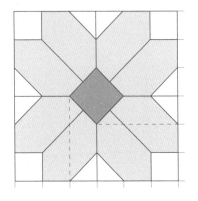

●原創圖案…P.60

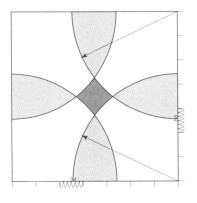

●六角星…P.66

描繪正六角形

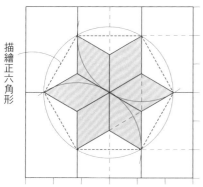

●無名…P.66

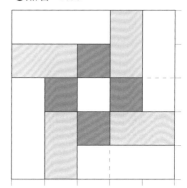

●原創圖案…P.66

描繪直線

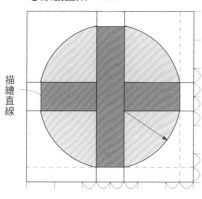

●藝術方塊…P.86

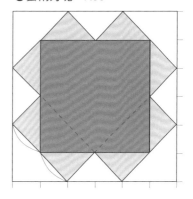

●線軸…P.90

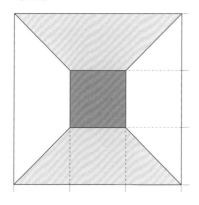

●十字架…P.90

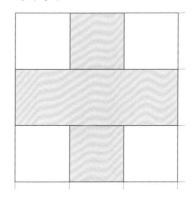

拼布基礎知識

請依作法圖示製作作品，以下介紹拼布運用的主要技巧。

●布的尺寸

依作法中標示的尺寸裁布。若標示「加上縫份」，代表依加上指定縫份後的尺寸裁剪。有的作品會在布的背面貼上棉襯後進行平針縫（即壓線），使布呈現起伏，也因此產生皺縮，所以事先要拼接得比較大，等完成壓線後再描繪完成線，修剪成圖示的尺寸。

●拼接布片

拼接是指將構成圖案（或布塊）的布片拼縫起來。布片正面相對疊合後以珠針固定，以平針縫接合。在布的背面放上依完成線裁剪的紙型（厚紙板或能辨織布花紋的薄塑膠片都方便好用）複寫完成線，加上0.7㎝縫份後裁布。縫合後，縫份倒向深色側或不會變得太醒目的布片側。

●貼布縫

貼布縫是將各造型布縫至土台布（表布）上，造型布的縫份摺入內側，再以藏針縫固定（另一種是造型布不加縫份，直接依完成線裁剪進行藏針縫，稱為原尺貼布縫）。使用手藝用描繪紙，在土台布正面複寫貼布縫的完成圖案，再將依圖案裁切的紙型置於布片的正面描圖，加上0.3㎝縫份裁剪，再由下到上依序縫至土台布上。以針尖將縫份內摺，以藏針縫組合出完整圖案。也可先在布片的背面疊上紙型，周圍進行平針縫後拉緊縫線，再以熨斗整燙形狀。如此一來，即使複雜的圖案也能漂亮展現。

●壓線

表布、鋪棉與胚布三片疊合（有的作品只重疊表布與鋪棉），進行放射狀或格狀疏縫，再以壓線專用線挑縫至裡側進行平針縫。若是有貼布縫圖案，就避開圖案，出針再壓線。可以鉛筆或水消筆在表布描繪壓線的線條。至於「落針壓縫」是指在造型布或接合處（縫份倒向單側時為倒向側）的邊緣進行壓線。除了讓圖案更加立體，也有穩定縫份的效果。

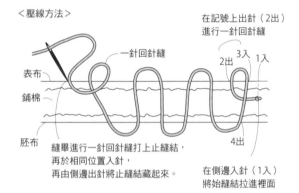

＜壓線方法＞

在記號上出針（2出）進行一針回針縫

一針回針縫

表布
鋪棉
胚布

縫畢進行一針回針縫打上止縫結，再於相同位置入針，再由側邊出針將止縫結藏起來。

在側邊入針（1入）將始縫結拉進裡面

●包邊

用來處理縫份時，是指以斜布條包覆。在斜布條的背面描繪完成線，與表布側的完成線疊合，車縫完成線，再將斜布條翻至正面包覆縫份，端部內摺，以藏針縫固定於胚布。另一種處理縫份的作法是以裁得稍大的胚布包覆後藏車縫。

布片（正面）

0.3㎝縫份

土台布（正面）

在凹處或彎曲處剪牙口

不縫

由下往上將造型布縫至土台布。
造型布重疊的部分不縫。

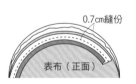

0.7㎝縫份

表布（正面）

①3.5㎝寬斜布條疊至表布側，車縫完成線。

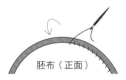

胚布（正面）

②斜布條翻至正面，端部內摺與胚布縫合。

●基礎縫法

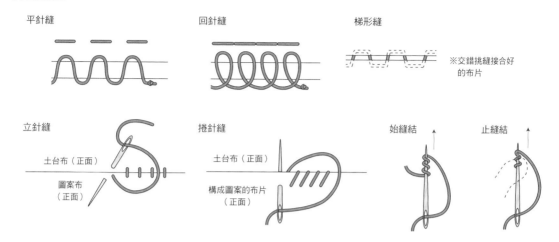

平針縫　回針縫　梯形縫

※交錯挑縫接合好
的布片

立針縫　捲針縫　始縫結　止縫結

土台布（正面）　土台布（正面）

圖案布
（正面）　構成圖案的布片
（正面）

●基礎繡法

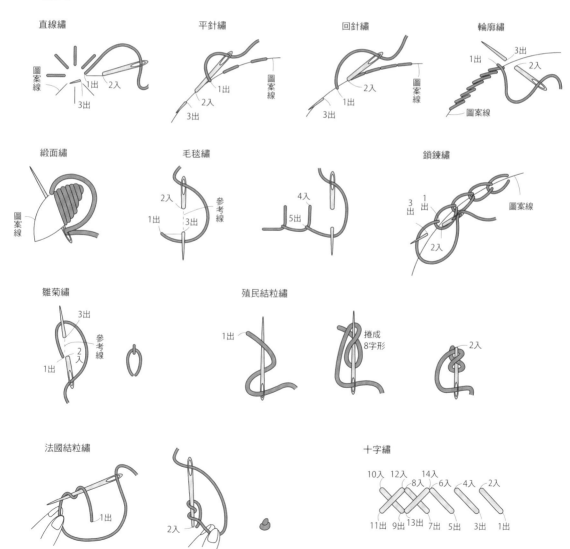

直線繡　平針繡　回針繡　輪廓繡

圖案線　1出　2入　1出　2入　1出　2入　1出　3出　2入

3出　2入　3出　1出　3出　圖案線

圖案線　圖案線　圖案線

緞面繡　毛毯繡　鎖鍊繡

圖案線　2入　參考線　3　1　圖案線
出　出
1出　3出　4入　5出
2入

雛菊繡　殖民結粒繡

3出　參考線
2入　1出　捲成
1出　2入　8字形　2入

法國結粒繡　十字繡

10入　12入　14入
8入　6入　4入　2入
1出　2入

11出　9出　13出　7出　5出　3出　1出

拼布美學 PATCHW✿RK 37

斉藤謠子 & *Quilt Party*

愛上森林系！職人必備的拼布包&波奇包

作　　者／斉藤謠子& Quilt Party
譯　　者／瞿中蓮
發 行 人／詹慶和
總 編 輯／蔡麗玲
執行編輯／黃璟安
編　　輯／蔡毓玲・劉蕙寧・陳姿伶・李宛真・陳昕儀
執行美編／周盈汝
美術設計／陳麗娜・韓欣恬
內頁排版／造極
出 版 者／雅書堂文化事業有限公司
發 行 者／雅書堂文化事業有限公司
郵政劃撥帳號／18225950
戶　　名／雅書堂文化事業有限公司
地　　址／新北市板橋區板新路206號3樓
電　　話／(02)8952-4078
傳　　真／(02)8952-4084
網　　址／www.elegantbooks.com.tw
電子信箱／elegant.books@msa.hinet.net

2018年10月初版一刷　定價480元

YOKO SAITO & QUILT PARTY WATASHITACHI GA SUKINA QUILT NO BAG TO
POUCH
© YOKO SAITO 2017
Originally published in Japan in 2017 by X-Knowledge Co., Ltd.
Chinese (in complex character only) translation rights arranged with
X-Knowledge Co., Ltd. TOKYO,
through Keio Cultural Enterprise Co., Ltd. TAIWAN.

經銷／易可數位行銷股份有限公司
地址／新北市新店區寶橋路235巷6弄3號5樓
電話／(02)8911-0825
傳真／(02)8911-0801

斉藤謠子 & *Quilt Party*

人氣拼布作家。1986年起在千葉縣的
市川市開設拼布教室與店鋪。從先染布
到各式各樣布料，纖細的配色與著重細
節的作品，展露拼布的新魅力，備受國
內外矚目。每年拼布教室所舉行的展示
會總是吸引大批人潮。
http://www.guilt.co.jp/

原書製作團隊

AD&書籍設計／天野美保子
攝影／清水奈緒
造型／鈴木亞希子
作法繪圖／三島惠子

攝影協力
rhubarb
AWABEES
TITLES

國家圖書館出版品預行編目(CIP)資料

斉藤謠子 &Quilt Party：愛上森林系！職人必備的拼布包&波奇
包 / 斉藤謠子 , Quilt Party 著；瞿中蓮譯.--初版.--新北市：
雅書堂文化 , 2018.10
　面；　公分.--（拼布美學；37）
ISBN 978-986-302-455-2(平裝)
1. 拼布藝術 2. 手提袋

426.7　　　　　　　　　　　107016183